U0353503

Beings are in a Flower

万物与花同

24堂人文自然课

凌云　著

中国工人出版社

融入万物 自在生活

　　一段时间里，凌云用颇多精力，或采访各行各业若干"小人物"，或记述动物、植物、矿物、云彩之类"微不足道"的东西，集成了《万物与花同》一书。文字优美，信息量大。副题竟然是"24堂人文自然课"，让人惊奇，想一想也觉得非常合适。"人文"的范围不宜狭义化，这样的题材正是当下人文教育所需要的。

　　"小人物"是我个人的判断，不仅仅是因为其中包括我（见最后一篇），其他人物在我们这样一个强调影响力、颜值、财富的时代，大约也算不上大人物。这些人不是牛顿、海顿、华盛顿、克林顿，不是伊林、斯大林、王林、王健林，不是马云、马俊仁、马英九、马化腾，也不是高尔基、康定斯基、托洛斯基、莱温斯基、布热津斯基、基耶斯洛夫斯基。总之，通常这些人"见不得人"——见不得媒体，此次能被杂志和图书记录，实属例外。然而，一个社会，一个时代，不能只是大人物、风云人物在那儿演出。《万物与花同》一书的采访对象，我认识或了解其中的许多位，如王辰、张超、史军、年高、余天一、王铮、刘夙、刘冰等，他们有趣味、有个性，让这个世界多彩。我喜欢他们、看重他们，胜过政商演艺界大佬。

这些物不是美元、宝石、别墅、黄金、债券、比特币。书中所言之物"微不足道"，并非真的不重要，只是在当下他们、它们成不了主角，最多以背景形式出场。"一带一路"是大事情，但对"一带一路"物种大交换的探究，还列不上日程。花鸟鱼虫、流水雪花空气对于人的健康、社会的持久生存，当然不可或缺，但也只是在出了问题时，才令人回忆，如无霾的天空，亦如北京冬季的雪花。前几天我到崇礼滑雪，恰巧赶上一场大雪，激动之情难以言表。而北京城中的人们依然空欢喜一场，因为仅北部的延庆飘了几个雪花。这一个冬季京城就没有下过像样的雪。

"天地不仁，以万物为刍狗。"万物是什么？人只是生命大家庭中的一个物种。地球上哺乳动物有 5000 种以上，植物有 30 多万种，昆虫超出百万种。

万物，我之外的他物；万物是我，是包括自我在内的世界。

就空间关系而论，自我与世界有四种可能的关系。第一种关系是我属于世界，我在世界中极其渺小。这是没有人能否认的最基本事实，却容易被现代社会忽视。第二种关系是我面对世界，万物是我的对象性存在。近现代西方自然科学将这种关系客观化、体制化、正统化。后果有好有坏。万物被降格为客体，我被提升为主体。我于是像打了鸡血一般，时刻准备着在"生存斗争"中取得不错的战绩。恶性竞争似乎成了天理，他人他物是地狱。第三种关系是我包含着世界，我胸怀世界。我的身体中有大量自然物，如水如细菌，没有它们，我根本无法成活。依马古利斯（Lynn Margulis）的内共生理论，生命本来就是共生起源的，细胞中的细胞器就是共生演化的活证据。但共生并未成为硬道理，讲得不多更不是"缺省配置"。第四种关系是我与外界普遍地"分形"交织着。灵与肉皆如此。分形（fractal）是芒德勃罗（B.B.Mandelbrot）发明的一种几何概念。在媒介层面，上述四种可能的关系中只有第一种和第二种被熟知。第一种与第三种相对照，展现了一定的对称性，单方面看都有偏差。第三种与第四种有相通之处，说的是共同体的共生，却都不被重视。当下，唯有第二种最受青睐，最吸引眼球。依托于第二种关系的现代性逻辑鼓励多消耗大产出，展现出了无比的战斗意识：与天斗与地斗与人斗其乐无穷！或许，在历史长河中，这只是一个阶段的时尚。

万物与名物、博物有关，讲究天人合一的中国古代文化，对此讨论颇多，有人物有文献，只是到现在还没有得到"国学"界的足够重视。直观上就能感觉到古人对万物有不少刻画，多样性如何呢？在大数据时代，我偷懒上网搜索了一下古代诗词，瞬间找到一大堆包含万物字样的句子，列出一小部分如下：

思乐万物。

闲居玩万物。

万物可逍遥。

万物贵天然。

万物各有殊。

万物看成古。

气萌黄钟，万物资始。

至哉坤元，持载万物。

万物滋生，四时咸纪。

八音合奏，万物齐宣。

万物资以化，交泰属升平。

皇心齐万物，何处不同尘。

万物我何有，白云空自幽。

遂我一身逸，不如万物安。

君如铜镜明，万物自可照。

缅然万物始，及与群牧齐。

风吹一片叶，万物已惊秋。

万物有丑好，各一姿状分。

万物睹真人，千秋逢圣政。

五贼忽迸逸，万物争崩奔。

裁成识天意，万物与花同。

四时与日月，万物各有常。

双棋未遍局，万物皆为空。

万物皆及时，独余不觉春。

文含元气柔，鼓动万物轻。

愿鼓空桑弦，永使万物和。

万物珍那比，千金买不充。

世人久疏旷，万物皆自闲。

万物有代谢，九天无朽摧。

万物庆西成，茱萸独擅名。

大钧播万物，不择窳与良。

循环视天理，一马齐万物。

善万物之得时，感吾生之行休。

齐万物兮超自得，委性命兮任去留。

万物承春各斗奇，百花兮贵近亭池。

万物皆因造化资，如何独负清贞质。

顿疏万物焦枯意，定看秋郊稼穑丰。

心如止水鉴常明，见尽人间万物情。

天纲运转三元净，地脉通来万物生。

谁挥鞭策驱四运，万物兴歇皆自然。

清冷池水灌园蔬，万物沧江心澹如。

处分明兮系舒惨，一人庆兮万物感。

自言万物有移改，始信桑田变成海。

九州似鼎终须负，万物为铜只待镕。

但自无心于万物，何妨万物常围绕。

万物尽遭风鼓动，唯应禅室静无风。

愿陪阿母同小星，敢使太阳齐万物。

万物莫如观所聚，我生强半初相识。

植植万物兮，滔滔根茎；五德涵柔兮，飒飒而生。

显然，中国古人对"万物"的界定十分丰富、有趣。我无暇也无能力对用法进行细致分类和评判。有一点是肯定的，我、人类与万物之间，除了认知，情感方面是极为重要的。对万物有情，才能是有情人，才可能成为一个有道德的物种。

进入小康社会，普通人可能有不同的活法，哲学上讲，人有了更多的自由意志。没有宽容，就没有多样性；没有多样性，就不会有天人系统的大尺度稳定和持续。

　　身为中国人，我们有义务传习中国占代的智慧。也应当向西方、向其他所有地方的人们、传统学习。如果说我们的文化物我不分，面对我之外的自然物、万物不能保持一定距离去客观地进行深入探究，是一大缺点的话，我想，批评是在理的。但依然不能完全接受外国人的理念，合适的做法恐怕依然是美美与共。

刘华杰

北京大学教授、博物学文化倡导者

2018 年 3 月 10 日

目 录

January

一月

从一粒种子窥见大千

最近在看自然文学家梭罗的名著《种子的信仰》，种子终其一生只做一件事——想尽办法、排除万难传播开去，找到合适的地方生根发芽，保证物种生生不息地延续。合上书，感慨良久——在日常生活中，我那么关注花，关注叶，甚至关注树枝，偏偏就把种子这位不辱使命的"英雄"忽略了。继而我想到了天冬，这几年热衷于自然掉落物的收集，打电话向他问询，果然，四百多种植物的种子已被他收入囊中，并且收集还在继续。

天冬，本名叫王辰，北师大植物学硕士科班出身，因为痴迷植物，成为自然及生态摄影师和科普作家，并进入《博物》杂志社工作。他微胖的体形、微卷的头发，脑门儿上似乎随时能冒出来的汗，以及一脸和年龄不符的孩子气，让我这个脸盲患者见一面就牢牢记住了他，也记住了他笔名植物——天冬。那是十多年前，他到北京门头沟进行植物实习，喜欢上了百合科植物雉隐天冬。这种植物郁郁葱葱的一大丛，能让雉鸡完美

一月

地藏在里头。他就想，我这么大的体形，也能跟雉鸡似的，藏在那底下多好啊。于是王辰变成了天冬，也像雉隐天冬一样，活得茂盛茁壮、元气淋漓。

如约来到天冬的工作室，那真是个植物收集控的天堂，室外是精心培育的"十二步花园"，室内满墙的树叶标本，随处可见的干花，以及各式各样的植物制品……而其中最特别的要属遍布窗台和书架的一瓶瓶植物种子，它们色彩形态各异，由于平时深藏植物内部难得一见，所以格外惹眼。

天冬，本名王辰，自然及生态摄影师、科普作家。本文图片均为天冬拍摄。

天冬先"诉苦"。他往往会选择夜深人静的时候给种子们逐一拍"肖像"，在高倍微距镜头下，哪怕极细微的震动也会使种子移位。而为了拍出立体感，在后期处理时往往需要几十张照片叠加，这就要求几十张图片拍下来，一点位移也不能发生。白天马路上车流的震动会对种子产生影响，就只能熬夜工作；空气流动也会带动种子，所以在最炎热的夏天也不能打开空调，往往是拍完一颗种子已经汗流浃背。

这种诉苦其实也是炫耀，就好像那些说着倾家荡产弄了个宝贝的文物收藏家一样。即使再辛苦，也抵消不了天冬从种子收集中获得的乐趣，他会把许多不同的种子做到一张图上，享受物种的丰盛之乐；也会把该种植物花瓣的颜色做成种子图的底色，在一张图上表现植物的整个生命周期。让他高兴的是，现在越来越多的人正在对种子收集发生兴趣，经常有植物爱好者给他寄来新奇的种子，在他的"十二步花园"里，一些种子正在生根发芽，把异域的美丽带到他的窗外。

也许博物学爱好者都有收集癖吧，天冬以前也一直以收集

天冬收集的部分种子放在窗前展示，阳光打上去的时候好似秋日瞬间降临。

一月

叶子和花朵为乐，完全没有关注过种子。2012年因为工作关系，天冬去中国台湾对海漂种子进行收集整理和拍照，发现那里有人专门研究种子，台南地区还有种子博物馆，一些关于当地物种种子的资料很有意思。这次外派工作让天冬忽然对种子萌发了浓厚的兴趣，回来以后就开始了植物种子的收集。

我以为都是植物，收集种子是不是和收集叶子、花朵差不多？"还是不太一样。"天冬忙不迭地摇头，"可以说更简单了，同时又更复杂了"。然后他开始给一脸茫然的我耐心解释。

在方法上，收集种子要比收集叶子、花朵简单，因为叶子和花朵更不易保存，制作成标本也容易褪色、碎裂，所以无论是新鲜状态还是干燥标本状态都不易携带、邮递，自然爱好者之间很难交换、互通有无。而种子本身就是比较干燥坚固的状态，非常好携带、保存，长途运输也没问题。不过跨境邮寄种子是不被允许的，天冬收集的境外种子都是植物学家朋友们通过正规途径引进，分了一部分给他的。

那么收集种子的复杂之处在哪儿呢？天冬说，如果对种子有深入的了解，你就知道有多复杂了。因为植物分类学是以花的形态为基础的，可以找到非常多的根据花来辨认植物的书籍资料，叶子的也有，但涉及种子的资料非常少。除了有一本《农田杂草种子图鉴》，那是给农业工作者除田里的杂草用的；还有的种子是中药材，可能中医药书里也有一些描述，其他就很难找到参考资料了。不过，未知正是天冬收集种子之后发现的最有趣的部分，这让他从抱着图鉴资料研究回归到了探索自然本身，没有文字描述，就自己向大自然要答案吧。

与一般人想象不同的是，采集种子并非只能在秋天。天冬告诉我，各种植物的花期不同，种子成熟的时间自然也不同。中国北方从春末夏初就有种子可供采集，南方则一年四季都可以。在北方早春的时候，还可以采集到上一年残留的种子，比如三月初京郊的山上，采黑枣的种子正合适，没有经过一冬寒冷的洗礼，它还不能熟透呢。而新疆有一类叫作"早春短命植物"的，如新疆海罂粟、光鳞海罂粟、假狼紫草等，只在早春有两个星期的生命，所以早春时节就要去采它们的种子，晚一步都可能扑空。

那么收集种子是枝头摘还是地上捡？这个看似简单的问题其实并不简单。因为这要根据植物来定。比如，有的植物种子一成熟了马上掉落，只能在地上捡。有的植物成熟的种子可以在枝头留存很久，这时候就需要去摘了。不过这种留存枝头的，要判断它的种子到底够不够成熟也不太容易，需要查资料和凭经验。但资料也不可靠，数量少不说，还有一些是错误的，如黄苞南星，资料记载它的种子是黄色的，可是天冬通过采集发现它的种子熟透后是黑色的，这说明写资料的那个人误把还没成熟的种子当作成熟的了。当然，这种连植物学家都会犯的错，对于普通人来说就更难免了，必须多实践，在实践中出真知。还有的植物几乎采不到种子，如深圳红树林的一些湿地植物，它们的种子在枝头还没有成熟的时候就已经发芽，然后这个小芽再落到地上生根，这也就是植物学界所谓的"胎生植物"了。

无论是掉落地上还是悬挂枝头的种子，一旦它们入得天冬的法眼，就会成为他工作室中大小玻璃瓶里的住客。天冬说，空间足够的话，种子放在有盖的玻璃瓶子里是最好的，既能很好地保护种子，展示起来又非常漂亮。空间紧张的话，放在塑料袋里封好口也是可以的。不过他强调："特别要注意的是，种子一定要完全干燥后才能保存，新采回的种子，可能你看着挺干的，但其实它还在呼吸，这时候要放在牛皮纸袋里一段时间，等水汽完全挥发干了再放入密闭容器，不然会发霉，辛辛苦苦采回的种子也就只能扔掉了。"

另外驱虫也是必须的。天冬刚开始收集种子的时候就遇到过囧事。夜深人静的时候突然听见储物架上咔嚓咔嚓响，咬啮的声音跟闹鬼似的。仔细倾听后，天冬意识到是瓶里的种子长虫子了。但瓶子实在太多了，他费了好大劲找到是橡子生了虫，表面看上去还好，但一晃瓶子，橡子立即瓦解，都被咬成了碎渣。有了这次经历，天冬在采回种子后都要先进行一道除虫的工序，以杀死那些种子上附着的肉眼看不到的虫子或者虫卵。方法倒也简单，只需把种子放在塑料袋里，往里喷杀虫剂或者放上两片电蚊片密封起来闷一段时间就可以了。不过这种方法只能用于那些只是单纯地收藏或展示的种子，对于还想播种的种子，是不能用药的。天冬就把它们放在冰箱里冷冻，调节冰箱的温度不低于该种植物所在地的冬季最低温，否则种子冻坏了也就种不出来了。

东西多了，分类整理是个麻烦事，这种事到了种子身上就更加麻烦。天冬会按植物本身的分类学来分类，但是对于普通收集者来说，很可能并不认识这是什么植物，天冬则建议按收集的来源分类，并且做好编目。编目的内容包括采集地点、时间，然后附上采集时树木的照片，手机照片就可以，打开定位，让照片上附带 GPS 信息。如果当时认不出是什么种子的话，

荐书

《种子的故事》，科学散文，有情怀有故事。

《野果游乐园》，我国台湾地区作家关于种子和果实的科普图书。

《生命的旅程》，邱园出品，电子显微镜下的种子微观图非常震撼。

《种子学》，台版专业书籍。

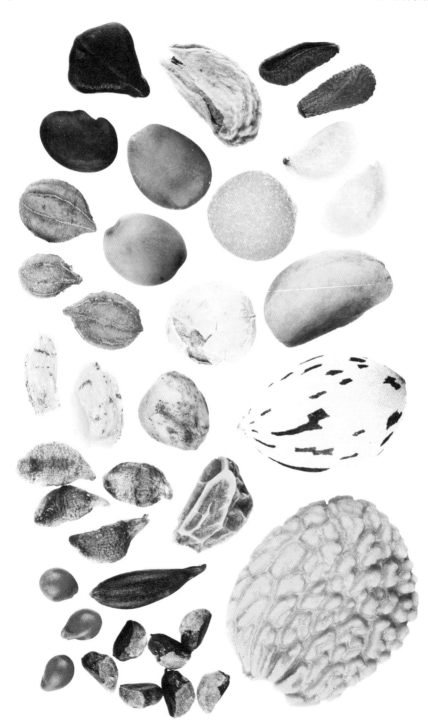

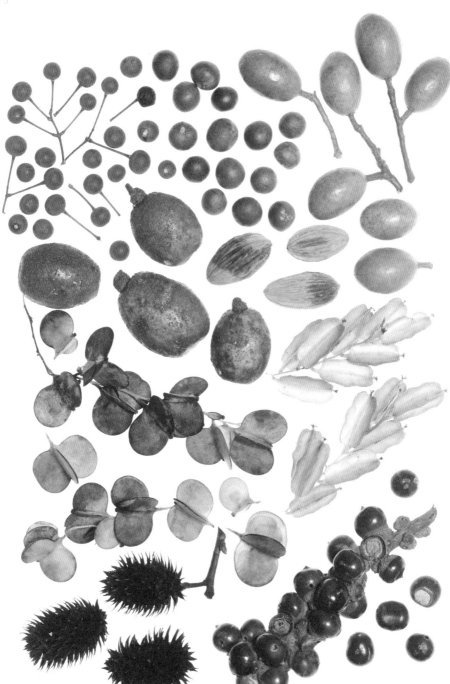

2014 年秋，某大学的朋友去贵州考察，寄给天冬的果实和种子。

可以在以后的时间里留意观察这棵树，如到了春天它长叶了、开花了，你再拍上开花照附在一起，这样无论是查询资料图鉴还是请教别人，都更容易得到答案。如果只有孤零零一粒种子，什么附带的信息也没有，你向谁求助可能都没用。

对于不认识的种子，天冬还会采取亲自种植的方法，等到它发芽开花，自然就容易辨认了。我觉得这简直是一件太浪漫的事了，属于博物学家的浪漫，充满严谨与诗意。不过天冬有点遗憾地说："当然也有没种出来的，又找不到确切来源，所以至今也不认识是什么。"我想，这也是浪漫的一部分。

一瓶瓶形态各异的种子，就像一件件精妙的家居艺术品。我看着它们出神，为它们本身的形态美所感动，甚至没有急着问出我最爱问的问题："这是什么植物？"天冬好像看穿了我的心思，他说："除了'多识草木鸟兽之名'本身是一种乐趣外，知道这个种子是什么植物也是有实际用途的。比如，有些种子是有毒的，或者有刺激性的，当然你不吃它它也伤不到你，就怕被家里的孩子拿来咬着玩或者误食了，送去医院如果能告诉医生是误食了什么植物的种子，就好办多了。"天冬提到了人们从前爱戴的红豆手串，无论是全红的还是黑红的，都是有毒的，知道了这点人们会更有防范意识。还有特别常见的银杏树，

美国凌霄种子

蒲公英种子

秋天落一地种子，那层黄色的臭臭的种皮就是有毒的，千万不能吃。对于农业、林业工作者来说，认识植物的种子可以及早发现有害植物，杜绝它们被播种下去的隐患，所以即使我国在种子研究领域还不够成熟，但《农田杂草种子图鉴》这类基本的资料还是有的。此外一些用于园林绿化植物的种子也有些相关资料，但资料比较缺少的恰恰是我们身边最常见的那些野花野草，所以天冬正在把这个工作做起来。

"其实收集种子到底有没有意义呢？"我知道这是个有点无聊的问题，但天冬的回答却超出我的预期。他说，种子收集其实是一种最无害的亲近自然的方法，收集花和叶子往往还要采集新鲜的做标本，对植物多少会有些伤害。种子成熟了就是要离开植物的，这时候采摘是没什么伤害的。而且它可以让你更便捷地"拥有"你喜欢的自然，如去到哪里看到一朵自己喜欢的花，你把花摘回来也只是拥有了它的一朵，如果你能采它的种子回来种植，你就可以完全地拥有了这个物种。

"此外，收集本身就是一种乐趣啊，你收了几种的时候不觉得什么，等到收了几十种、上百种，感觉就完全不同了呢！"天冬说这话的时候眼里是有光的，虽然我一粒种子都没收集过，但似乎也理解了他说的"感觉就完全不同了呢"！

凤仙花种子

梧桐种子

寻找雪花的第七片花瓣

2016 年 1 月 24 日，我到广东出差的时候赶上了前所未有的大寒潮，习惯了北方暖气房的我，真的是被活生生地冻哭了。而那天，全广州人却陷入了一场狂欢，因为下雪了！要知道，上一次广州下雪是 1967 年，很多广州人一辈子都没见过雪，他们对雪的认识只是来自从小学起就被灌输了的一个奇怪知识：雪花都有六个瓣。在那场短暂的小雪里，一定会有人接住飘落的雪花，细心数一数它的花瓣。在北京冬季也并不多见的雪天里，我也曾干过这样的事情，偶尔数的不是六个瓣的时候，又疑心自己眼花了，来不及再数一遍，它们已经化成了微小的水滴。

"雪花当然不都是六个瓣，"张超在电话里肯定地说，"你来找我，我给你看。"

张超的办公室在国家天文台，特别能满足一个局外人对极客的想象，微乱，睡袋、薯片、方便面一应俱全，当然最重要的是，里面排布满了大大小小、各式各样的望远镜和显微镜，足有好几十架。他大学学的天文，现在的工作是研究天体、星图、陨石等。不过比起用望远镜望向遥远的太空，张超更热衷于透过显微镜把视线聚焦于微观世界，并且喜欢拍下它们的样子。

"最初，我拍细菌"，张超指指书柜上贴的几张花花绿绿的微观细菌图，"不过 2008 年有一次下雪，我爱人说你看雪花多漂亮啊，你拍拍雪花吧。你们女人的浪漫可真是害死我了，我这一拍就走上不归路了"。原来，拍雪花比他想象得要难得多，也艰苦得多，但却从此仿佛像打开了新世界的大门。在朋友眼中，他变成了"世界上最盼望下雪的人"，他曾在北京的寒夜苦守，也曾天南海北地追雪。如今，他已经拥有了几百张得意的雪花显微镜摄影作品。"收集之乐是博物学之乐重要的一部分，我儿时最大的梦想就是建个博物馆，可是展览什么呢？我想雪花正在帮我实现。"张超打开电脑给我看他拍的雪花，尽管来之前我已经在网上查了不少图片，却依然被他电脑里雪花形态的丰富优美惊得连连咂舌。

作为一个文科生，有好多数理化的基础问题我都弄不明白，不过正所谓无知者无畏，我问张超："雪花达人同志，你能告诉我雪花是怎么形成的吗？什么因素影响了它的形状千变万化？"

张超盯着我犹豫了一下："你这个问题看似基础，其实特别复杂，要说清楚得好几万字，你确定你想听吗？"我一时不知道该怎么回答，他倒是自动继续了："而且中间还有很多不确定性，我尽量简单地给你说说吧。天空中的云是由无数的水蒸气和小水点组成的，在零度以下，水点便会产生冰核开始凝

张超拍摄到的雪花里，三瓣、十二瓣的都有，还有的不分瓣，是个多角几何形。

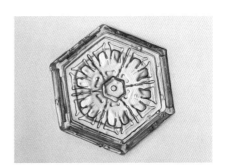

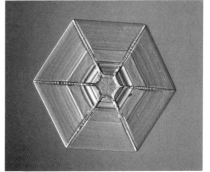

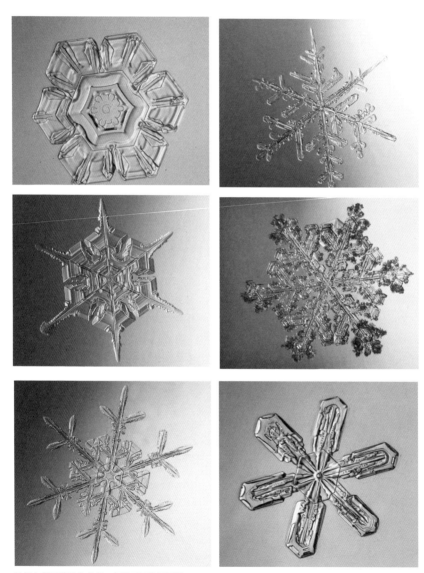

虽然六瓣雪花最为多见，但绝无两朵相同的。

结成冰晶。当冰晶形成后，围绕冰晶的水点会凝固并与冰晶黏在一起，细小的冰晶会吸引更多的水点而逐渐长成更大的冰晶，这就是雪花形成的过程。而影响它形状的因素相当多，温度、湿度、环境、等等。湿度低的时候雪花生长速度较慢，会形成六角盘子状，或者比较宽的分枝；湿度高的时候雪花生长速度快，分枝会很细，会形成尖角，分枝上还会产生很多侧分枝。雪粒由天上降至地上速度的快慢也各异，经常会在云中上上下下地翻动，从云端到地面的过程也是它不断生长的过程，因为影响它的因素实在太多、太偶然，没人能预测一场雪里的雪花会长成什么样。"

"那么，雪花到底是不是都有六个瓣？"我终于找到了插嘴的机会。"不是呀，你刚才可能没注意。"张超又一次打开电脑翻了起来，"你看，我拍摄到的雪花有三瓣的、十二瓣的；还有这种没有分瓣的，它算是多角的几何形状，三角、六角、十二角都有。总之都以六为基数，要么是六的一半，要么是六的一倍。因为水分子是由两个氢原子以及一个氧原子组成的，当液态的水分子被冷却至凝固点相互结合，相对来说最稳定的排列方式是以六角形状把六个水分子连接在一起，这也是为什么大部分冰晶是六角形的，这些角便是雪花生长的起步点，它们会由第一个六角形开始保持冰晶的形状继续向外生长，雪花在空气中飘浮的时间越长，图案就会越复杂。"

在这些图片里，我第一次看到了十二瓣的雪花，洁白透明，却让人只想用华丽来形容。一朵雪花占满整个屏幕，每个细节都无比清晰，让人忘了这样的美丽原本只在毫厘之间。

在张超拍摄到的雪花里，从直径 0.1 毫米到 1 厘米的都有，大部分是几毫米。周边的温度、生长期的长短等都会影响雪花的大小。一般情况下他用显微镜拍雪花，放大到目视 40 倍就可以了，偶尔遇到极小的雪花要放大到几百倍。

从 2008 年至今，张超每年要拍三四场雪，一共拍了 20 多场。他说最好看的是 2012 年年初长春的那场雪，温度、湿度都合适，所以雪花的形态特别美，又复杂又多样。2015 年初冬北京下的那场雪给他印象也挺深的——不好看，因为空气比较干燥，雪花没长开，没长出美丽的花瓣，多是几何形状的，被朋友说像五金店里的零部件。

照片上的雪花宁静而美好，让人无论如何也想象不出张超每一次拍雪花都像打一场战役。他是一个一到冬天就密切关注天气预报的人，一听到有降雪的预报，就会先考虑一下时间和温度是否合适。如果是工作日的白天，和上班时间冲突肯定不行，他最盼着下班以后再下雪。零度左右的降雪也不行，来不及拍就化了，零下 3 摄氏度到零下 5 摄氏度的状态最好。然后是准备设备，张超拍雪花一般用便携式显微镜，要先把它拿到户外冷却，一般经过半小时左右，显微镜就和户外环境就变成一个温度了，这样雪花放在上面才不会化。在架设和调试好设备后，就可以用玻片接雪花了，因为接住的不会正好是一片，所以要用针和毛笔等工具把多余的拔掉，只留下想拍摄的那片放到显微镜下面。相机和显微镜的目镜也是有个专用接口的，接好后就可以拍摄了。他告诉我，最好拍刚落下的雪花，因为雪花落地后会在十几分钟内升华。他现在基本练就了一分钟就能拍好一片雪花的功夫，一场雪少说能拍几十枚雪花，多的有上百枚。

荐书

《雪花的答案》，作者从物理学的角度对雪花进行了前所未有的深入分析，将雪花的隐秘世界呈现在人们面前。

《雪花的故事》，用照片展示雪花秘密的自然科学绘本，适合小朋友阅读。

一
月

　　我问他，你用显微镜摄影也拍别的东西，如细菌、沙子、昆虫，但我怎么觉得你最喜欢拍的似乎是雪花呢？他给了我一个特别诗意的回答："因为雪花代表了世界本源最美的两种东西：规则性和随机性。雪花有强烈的一致性，都是对称的，都以六为基数；雪花更有强烈的不一致性，没有两片雪花是相同的，并且它的形状不能预测、不能控制。正是它的这种博物学的特质让我痴迷，其中有一种收集的快乐。"嗯，几乎所有博物学爱好者都在强调收集本身的快乐。

　　张超说，稍纵即逝的雪花，是没有办法保存的。虽然有一种雪花印模技术号称可以保存雪花的样子，但其实在印模过程中雪花是会损失很多细节的。所以，拍照记录，几乎就是唯一"保存"雪花的方法。他说他一定会一直拍下去。

　　说真的，我也有点动心了，雪花太美，太千姿百态，收藏雪花的影像一定是一项无穷无尽的永不会枯燥和重复的工作。我问他："像我这样的普通人能不能也拍出如此美丽的雪花？"张超说其实入门并不难，有些手机外接的微距镜头就可以实现对大一点的雪花的拍摄。想玩得更专业点，可以入手显微镜："如今中学使用的一些实验室级别的显微镜，售价通常在几百元到千元左右，就可以应付入门级的观察拍摄。"张超还有一个诀窍就是购买医院或者实验室淘汰的二手显微镜，目前他手

张超，国家天文台科普工作者，显微摄影达人。本文雪花图片均为张超拍摄。

里共有 18 台显微镜，最好的那台新品价值 50 多万元，而张超买到手总共才花了四五万元。对于相机，张超说要求也不高，如他使用的是最普通的数码单反相机佳能 600D，二手淘来时花了 3000 元。他说："许多相机价格高昂是因为其对焦、连拍等功能强，而这些在显微摄影时都用不上。"

虽然拍雪花入门很容易，但坚持下来却很难，因为拍摄过程非常艰苦。张超通常会在大雪的户外拍上几个小时，因为操作设备只能戴很薄的手套，经常感觉手都冻掉了，整个人也冻木了，只有如此辛苦才能换得几张成功的照片。我又想到了我在广州的下雪日被冻哭的情景，于是决定，拍雪花这种事还是留给真爱它的人去做吧！

February

二月

从南到北寻得一枝梅

　　少时读诗，最爱"无意苦争春，一任群芳妒"一句，自以为可以毫不费力地出类拔萃，不想随着年岁见长，终于泯然于众人。然而，自诩爱梅却是没变的，仿佛要凭此守住那点清高。可笑的是，在北京出生长大的我，并不曾怎么见过梅花。梅花只是一直开在满壁的纸书里，开在我心里。也曾于料峭的春天专门去江南看梅花，觉得那一刻自己就像一个传统的中国文人，为了一点暗香跋涉千里，又迷失在梅园景点的人声喧闹里，既诗意又无奈。

　　赏梅在中国的历史可以追溯到汉初，历来是文人风雅之事。然而古人对赏梅的讲究何其之多。在宋人张功甫撰写的《梅品》里，专门介绍了最适宜赏梅的二十六个情景：淡云、晓日、薄寒、细雨、轻烟、佳月、夕阳、微雪、晚霞、珍禽、孤鹤、清溪、小桥、竹边、松下、明窗、疏篱、苍崖、绿苔、铜瓶、纸帐、林间吹笛、膝上横琴、石枰下棋、扫雪煎茶、美人淡妆簪

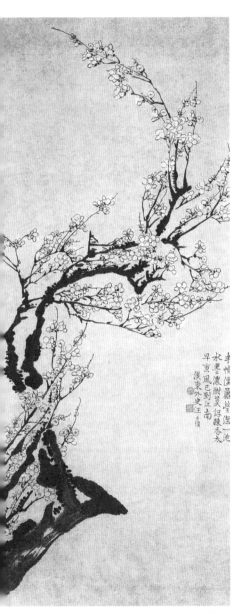

半幀溪藤壁漾一池
水墨濃酬吴误踈香太
早東風已到江南
溪東外史汪慎

戴，无一不是清雅宁静淡泊的，似乎独自一个人去更合适，带着时下很流行的"佛系"心情就好。但如今的现实却是，各大赏梅景点游人如织，想独享一枝横斜疏影绝非易事。也许是因为二十四番花信之首的梅花，花期太短，单朵花期也就 20 天左右，因而格外聚拢人气。好在中国疆域辽阔，南北温差巨大，使得梅花从南到北次第开放。如果可以追随着梅花的脚步一路北上，从深冬走到暮春，就能在梅花清幽的香气里走完中国大半个版图。我虽然没有那么多假期，却愿意做一做功课，如果在某个春天想来一场说走就走的旅行，我希望是像古人一样去寻梅。

若要踏雪寻梅，须得岁寒腊月潜入粤、滇、贵等南国诸地。

南粤大地雪不多见，如雪的梅花却成片成林。广东从化的流溪河国家森林公园，拥有东南亚最大的一片梅林，这里也是每年冬天国内能最早看到梅花开放的地方，我曾在广东工作八年，却从未去过此地，如今想来真是悔断回肠。元旦前后，当北国还是一片荒寒冻土时，流溪河已迎来了最佳赏梅期，漫山遍野如白雪纷飞，与山下湛蓝的湖水相互映衬，"流溪香雪"美不胜收。

如果想看真正的梅雪交映，就要往北走，

左：垂枝梅 右：小枝绿色是梅花的显著特征之一

不需远，走到广东、江西的交界处"岭南第一关"梅关，即有很大概率见识雪中寒梅。由于岭南岭北气候的明显差异，南北梅花各不相同，南枝花落、北枝始开。每到冬季，雨雪天气过后，梅关古道地上是皑皑白雪，树上是灼灼白梅，间或几枝嫩黄的蜡梅点缀其中，让人简直要为天地造物的大美而热泪盈眶。

古人曾不厌其烦地歌颂梅与雪的关系，"有梅无雪不精神，有雪无梅俗了人"；"梅须逊雪三分白，雪却输梅一段香"；"雪虐风号愈凛然，花中气节最高坚"；"高标逸韵君知否，正是层冰积雪时"。这些诗在很大程度上误导了我们，让我们以为梅花是极其耐寒的植物，甚至是爱与雪相伴相生的植物，其实并不然，梅花是喜欢温暖的，只能算对寒冷有一定程度的耐受。一般六七摄氏度时梅花才会开放，而零下15摄氏度以下，梅花甚至可能冻死。当诗人歌颂"一剪寒梅傲立雪中"的时候，那其实是在歌颂他自己：看啊，我遗世独立，我坚贞不屈。

如果梅花会说话，它一定会说：我不喜欢冰雪，我喜欢春风。所以春城昆明温暖湿润的气候，简直再适合梅花不过了，在这里梅花不但开得早，而且不同品种次第开放，总体持续时间很长。几乎每年的一月，我都想飞去昆明的黑龙潭梅园看梅花，不过由于岁末年初的俗世忙碌而终未成行。《梅品》里还列了十四条梅花憎恶的事情，其中有一条是"丑妇"，年华流逝，我唯有努力不让自己变丑，才能有一天问心无愧地去寻梅。

若要赶在春节赏梅，武汉是好去处。湖北自古就是梅花的故乡。秦汉时，野生梅就散见于长江两岸；隋唐时，梅的食用、药用价值就已受到人们重视；南宋时期，武汉一带居民栽培梅花已很盛行；到了明清，黄鹤楼、卓刀泉、梅子山都成为赏梅的佳处。以前洪山一带一直有种植梅花的民间习俗，称为"瓶插梅花迎新春"。1984年，梅花当选为武汉市市花。在武汉赏梅，首推东湖梅园，这里也是中国梅花研究中心和中国梅文化馆的所在地。进入东湖梅园，往左前方走，会看到一座由两人组成的"梅友"铜像：两位老者并肩而立，凝视手中梅花。这两位便是东湖梅园的奠基者：一位是"中国梅花研究中心"高级工程师赵守边，人称"梅痴"；另一位是中国工程院院士陈俊愉，人称"梅花院士"，可惜二老均已仙逝。1950 年，还在武大园艺系任教的陈俊愉与赵守边因梅花相识，六年后，两人将历尽艰辛从四川等地收集到的梅花品种集中起来，首次在磨山植物园种植，当时占地 7.2 亩的梅园内植有梅花 200 多株、30 多个品种，而这些正是今天东湖梅园发展壮大的"星星之火"。"文革"时期，为了守住这批梅花种子，赵守边受尽了折磨，有人要将这些梅花当绿化苗木卖掉，甚至根已被挖起来了，但赵守边坐在土丘上，就是不让出圈，用身体保护了这些来之不易的梅花。1984 年，陈俊愉教授再次来到武汉东湖，看到这批已经长大的梅花时，激动得热泪盈眶。2001 年，陈教授自题两句对联："山阻石拦大江毕竟东流去，雪压冰欺梅花依旧笑春风"，如今被镌刻在东湖梅园的"一枝春馆"大门两侧。得益于老一代梅人的守护，东湖梅园里珍稀梅花品种才会众多。造型独特的龙游梅、花香馥郁的雪海宫粉、令人称奇的复瓣跳枝、花中带花的珠算台阁等珍稀梅花品种应有尽有，特别是梅花奇品照水梅。清代园艺专著《花镜》记载："照水梅，花开皆向下而香浓，奇品也。"梅花开花的习性多是侧开式，因而朝上开和俯开的就堪称"奇葩"了。

到了农历二三月，整个江南梅醉春风。

我曾去南京梅花山赏梅，它是南京东郊紫金山的一座小山丘，位于明孝陵正南，因山上遍植梅花而得名。我被裹挟在摩肩接踵的人流里，认识了宫粉、绿萼、垂枝、跳枝，可惜没有寻到梅花山的镇山之宝"别角晚水"。据说这种梅花呈淡玫瑰红色，浅碗状，花瓣层层叠叠，多达 45 瓣，内有碎瓣婆娑飞舞，十分漂亮。这一品种是"梅花院士"陈俊愉先生 20 世纪 90 年代在梅花山调查时发现并命名的。因其开放时常有花瓣开得不完全周正，花瓣边缘常有凹陷，故被称之为"蹩脚"，取其谐音为"别角"，加之花期较晚，花色水红，碎瓣流动而得此名。

　　如果要追寻我国历史最悠久，文化底蕴最深厚的赏梅胜地，则要去苏州的光福香雪海，那里远在西汉时就开始种梅，享有"香雪梅花甲天下"之誉。光福探梅由来已久。唐朝的陆龟蒙、宋朝的范成大、元朝的倪云林，都曾徜徉于光福山水花木之间，留下了许多吟咏佳作。清朝康熙和乾隆南巡前后共有九次到光福香雪海探梅，并留下了许多御制诗文。1699 年早春，康熙第二次来到光福，在地方官员的簇拥下，冒雪来到香雪海赏梅。在闻梅馆，有人献媚说，"皇上才华天下绝伦，赠下墨宝万世无双"，康熙面对漫天飞舞的大雪，灵机一动，提笔写道："一片一片又一片，两片三片四五片，六片七片八九片……"写到这儿突然停下来，要巡抚和知府续出下句。皇帝金口一开，巡抚续了"十片廿片三十片"，知府凑了一句"片片全是雪花片"。康熙听了十分不悦，御笔一挥，写下了"飞入梅花都不见"。顿时，歪诗变成了一首不落俗套的好诗。江苏巡抚、著名诗人宋荦，有感于花光如雪，流溢似海，遂题名"香雪海"，刻于岩崖，"香雪海"名噪天下。爱梅成癖的吴昌硕也曾留下"十年不到香雪海，梅花忆我我忆梅"的诗句。

　　古人赏梅，"以曲为美，直则无姿；以欹为美，正则无景；

荐书

《中国梅花名胜考》，对古今 140 多个赏梅名胜景点有详细考述。

《中国梅花品种图志》，"梅花院士"陈俊愉编著的专业工具书。

《梅花喜神谱》，专门描绘梅花种种情态的木刻画谱。

以疏为美，密则无态"。而龚自珍在《病梅馆记》里，则批判了这一审美，认为这样的梅是"病梅"，卖梅的人为了文人心里的癖好，把梅花人为掰弯弄秃实属不该。除开文中的讽喻不讲，单看龚自珍文中提到的赏梅胜地——杭州西溪、苏州邓尉和江宁蟠龙，即可知江南赏梅风气在清代的繁盛。如今在西溪湿地公园里，春天可以参加别具一格的乘游船"曲水探梅"活动，舟行水上，曲水弯弯，那种迂回曲折总能不断地带给探梅者"柳暗花明"的惊喜。

及至清明前后，江南梅花已尽，华北梅花始盛开，所以未及到江南赶上春的北方人，也可以到山东青岛寻访整个中国春日里的最后一拨梅花潮。青岛十梅庵梅园是中国江北最大的梅园，相传古代这里只是一片荒山野岭，并无梅花。后来有十位美丽的女子在此结草为庵，结伴修炼，终于得道成仙而去，留下十株高大的梅树，盛开的梅花艳似朝霞，白如瑞雪，于是就有了十梅庵这样一个富于传奇色彩的名字。如今这里已是中国江北最大的梅花繁殖、栽培、研究基地之一，在北方有这样一处美妙的赏梅去处，实属不易。

至于我所在的北京，近几年也有公园、植物园在春季搞梅花节，但因为气候不适合梅花的原因，规模档次都可以忽略不计。也好，风景总是该在远方的，或者在梦里，在心里。

中国寻梅时令图

山东青岛
十梅庵
3月底~5月中旬

上海
淀山湖梅园
2月中旬~3月中旬

江苏无锡
荣氏梅园
2月中旬~3月中旬

江苏苏州
光福香雪海
2月下旬~3月中旬

湖北武汉
东湖梅园
1月底~3月中旬

江苏南京
梅花山
2月中旬~3月底

广东梅关
1月下旬~2月中旬

浙江杭州
西溪
2月下旬~3月下旬

广东从化
流溪河国家森林公园
12月中旬~次年1月中旬

贵州荔波
？月中旬~？月底

云南昆明
黑龙潭梅园
12月下旬~次年2月底

吃掉这枚性感的草莓

　　每年冬天，我最喜欢的活动之一就是草莓采摘，在大棚里舒舒服服地边摘边吃，简直幸福感爆棚。有一次和朋友去摘草莓，她边吃边感叹："真是没有哪种果实比草莓更漂亮了！"等等，漂亮的果实？你确定你说的不是草莓上面的"芝麻粒"？据我所知那如性感红唇般柔软娇艳的部分，并不是草莓的果实，它只是花托而已。我的说法让朋友一头雾水，更多的我也解释不清了，于是想到，这种吃货问题，要请教《植物学家的锅略大于银河系》的作者史军博士。

　　这个冬天，史军吃了不少草莓，因为会有一些草莓种植者把精心培育的品种送给他品鉴。史军告诉我，一般人认为的美味的草莓"果实"确实只是膨大的花托。花托在开花时只是花瓣附着生长的平台，经过草莓的"改造"，变成了勾引动物的绝妙诱饵。用鲜艳的红色把自己打扮得如此显眼，动物自然不会放过，所以草莓经常成为各种动物的盘中餐。不过吃掉它，

也就中了它的计，这恰恰是草莓传播种子的策略。因为草莓上面那些长得像芝麻一样的通常被我们视为种子的小颗粒，才是真正的草莓果实。只要吃草莓的那个动物没有过度咀嚼的癖好，这些细小的种子就会顺利潜入动物的肠胃，然后随着"搬运工"的大便来到一个新的空间，生根发芽。

草莓聪明的繁衍策略使它发展成了一个庞大的家族，包括50个野生种和一个栽培种（凤梨草莓）。早在古罗马时期，人们就开始采集野生草莓用作药物，或者将这些野果当作食物，但是野生草莓都是些袖珍版本，不管是森林草莓、黄毛草莓还是东方草莓，即便风味儿再浓郁也都是袖珍小果子。于是，强大的园艺学家出场了。在不断地挑选培育之后，草莓得到了全面改良，拥有了更加诱人的外形。14世纪，法国人开始栽培草莓，到18世纪的时候才出现了真正意义上的现代草莓——凤梨草莓——这也是目前唯一的一个栽培种。至于市场上的章姬、红颜、丰香等都是凤梨草莓的不同品种名。

史军说，我们吃的草莓并不是野生种类的简单复制，因为它们的染色体组成完全不同。草莓栽培品种都是染色体数目加倍以后的8倍体（细胞内有8组染色体），而一般的野生品种几乎都是2倍体或4倍体。通常来说，多倍体植物都要比2倍体（细胞内有两组染色体）的个头大，所以我们吃的栽培草莓的个头远远超过了野生的也就不足为奇了。另外，园艺学家通过不断地杂交也繁育出了不少个头大的品种，这点欧美的草莓品种表现得尤为突出。

我倒是觉得，草莓个头的大小不太要紧，真正吸引人的是其充满少女心的颜色与外表，就算吃的不是草莓，而是草莓味儿的冰激凌、蛋糕、水果糖，都能让人觉得浪漫甜蜜。我问史军，为什么"草莓味儿"会成为最常见的食品调味剂的味道？是这种味道好模仿，还是人对草莓的味道格外迷恋？史军认为，草莓味儿是一个比较容易被大众接受的味道，同时又有水果的特征。它不像榴莲那样虽然有个性，但是不具有普适性；又不像苹果那样虽然具有普适性，可是缺乏明显的特征。之所以选择草莓香味儿是多种因素平衡的结果，并不是因为人类离了草莓味道就不可以，而是没有能威胁到它地位的替代品。

作为品鉴草莓无数的"吃货"植物学家，史军告诉我，好吃的草莓要有甜、香、多汁这三大特征，至于说果肉的软硬，那就是见仁见智的事情了。要想选好吃的草莓，首先，还是要选对品种。比如，红颜和杏香就是甜度比较高的品种，而章姬的香气就比较足，至于说圣诞红这个品种就是个外貌党。其次，成熟度对草莓风味儿的影响很大。除樱酪白等特殊品种，即便成熟也带有白色外，成熟的草莓都应该有靓丽的红色。最后，气温对草莓的影响也很大，如碰上低温，也会影响草莓的甜度。

近年来，草莓的农药残留问题也备受关注，因为草莓是比较柔弱的水果，它们的植株容易感染真菌，在这种情况下，确实需要使用一些抗真菌的药物。不过史军认为消费者不用过于担心，因为目前的农药安全性已经大大提高，只要按照说明书正确使用，在草莓上市的时候就没有安全问题。至于说植物生长调节剂的问题，首先可以肯定的是我们无法用是否空心作为

史军，植物学博士，科普作家。

判断有没有使用过激素的标准。另外，只要在合理范围内使用保花保果的植物生长调节剂，也不会危害我们的健康。氯吡脲（CPPU），是一种已经广泛应用在猕猴桃、甜瓜等水果上的植物生长调节剂。它是通过调节植物体内激素的分泌来发挥作用的：它能促使植物细胞加倍分泌细胞分裂素，增加单位时间内植物细胞分裂的次数；同时，它还能促使生长素的分泌，使细胞长得更大。结果从整体上来看，我们需要的"果实"就增大了。在通常条件下，膨大素降解较快，在喷施到植物上24小时后就会有60%发生降解。即使进入动物体内后，膨大素也不会赖着不走，实验老鼠吃下去的膨大素在七天后只有2%存于体内。从目前的实验结果来看，膨大素还算安全，还没有因接触膨大素致癌的报道，对肝、肾功能的长期影响仍在进一步研究中。史军给了两个建议，一是要选择正规渠道来的草莓，需要谨慎对待街头游商的草莓；二是要审慎对待那些价格异常偏低的草莓。

最后，我又想起了那个吃花托的问题，"只有草莓这么奇葩吗？"我问。史军说并不是，比较典型的膨大花托还有腰果的花托，这个花托比腰果本身要大得多，被称为腰果苹果。那可是个巨型的花托，因里面含有丰富的水果汁和维生素C，所以既可作为水果生吃，也可以用来制作果酱。可是，腰果苹果？我没吃过，在我心里它怎么比得过少女心十足的草莓呢？

荐书

《草莓的故事》，教你在自己的花园里种出甜美的草莓。

《草莓花样多》，低幼图画书，让孩子在游戏中爱上吃草莓。

March

三月

野花唤醒的城市清晨

从 2 月底开始，我出门总会低着头走路，因为枯寂了一冬的北京城里，草地已经开始茸茸泛绿。到了 3 月初，我甚至走着走着就会俯下身子，那些寻常的绿色草地立即会展现出它令人惊叹的一面——那些细小的白花是荠菜，紫花是早开堇菜，蓝花是附地菜或者斑种草。是的，在这座拥挤的城市里，"藏着"很多野花，它们在公园里、在沟渠边、在路旁、在草丛里，它们低微、渺小，少人注意。然而只要你肯俯下身子，每次都能收获像我一样的感动。

"人们不会认为城市是野花的舞台，周末的一次郊游才是城里人理解的拥抱大自然，但我认为，哪怕在城市的最中心，野花也从未放弃宣示自己的地盘。"说这话的是年高，她在北京的一家央企做人力资源管理工作，却有着一个和工作毫不相关的爱好——记录大自然。她说这源于她从小生长在自然资源特别丰富的海南岛，从小和自然万物建立起一种深厚的情感，

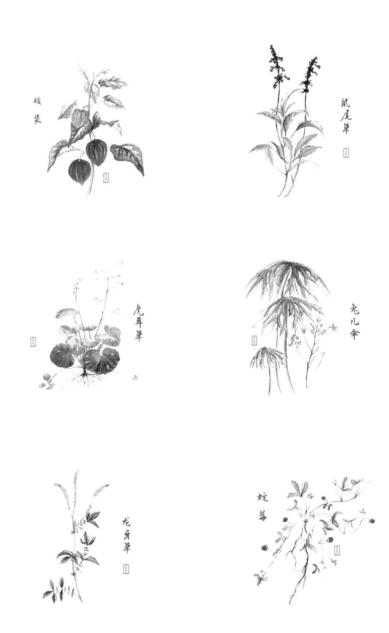

酸浆

鼠尾草

虎耳草

兔儿伞

龙牙草

蛇莓

也储存了许多自然的记忆。来到北京之后，她依然会随时留意身边的植物，但谈不上观察和记录，仅仅是维持着和自然的联系。直到四五年前，年高认识了一群特别热爱自然的朋友，虽然他们来自各种行业，有科学家、编辑、金融从业人员、律师，但都有一颗热爱自然的心。"我和他们结伴到北京周边的山野中去，到城市的各个角落，从自然的角度重新认识这座我自以为熟悉但却特别陌生的北京城。从那时候起，我便开始坚持观察和记录身边的自然。"逐渐，年高在自然观察圈里小有名气，杂志和电视节目都找她做采访，也常被"光合作用"网络电台邀请去做嘉宾，她特别乐于和大家分享自然观察的乐趣。

年高告诉我，在城市里，野花和人工栽种的花朵她都会观察，但野花更有自然观察的意义。因为野花意味着它是以自然姿势生长的，人工种植的植物或多或少受到了人为干预，施肥、浇水、修剪枝叶。野生植物自然而然长着，成为生物链的一环，它们汲取的养分是落叶腐烂产生的营养，它们接受的阳光需要和其他植物竞争，它们为了吸引昆虫将自己演化成各式各样，这种多样性对昆虫来说极具吸引力。同时，这种特性注定了只有认识了野生植物才会对我们生活的环境有真正的认识。

比如，北京是一个被高山三面环绕的城市，有着多样化的生态环境，所以观察春天开放的第一种野花是一件很有意思的事情，因为需要分在哪一个环境中。如果是城区，据年高观察，应该是芥菜和藎草，在 2 月底就能见到。野外则可能是款冬或者侧金盏，大概在 3 月 15 日左右。每年的物候都会有点区别，但时间相差不大，主要看气温是否上升得快，早春植物的花朵

荐书

《四季啊，慢慢走》，年高用文字与绘画记录了北京一年四季中一百多种最具代表性的植物，细致而系统地展示了华北地区的植物特色和令人心动的自然世界。

《常见野花》，北大汪劲武教授编著的认野花口袋书，直观、实用。

《野花 999》，将对野花的欣赏和花本身的使命加以结合，生动而不失严谨地介绍了野花的各个方面。

基本靠气温催开。

　　野外的植物很少有条件能从破土开始便一直观察，但城市里常见的野花，年高是会从前一年开始持续观察。比如说二月蓝，每年夏天它花谢后开始结果，成熟的种子会落到附近，等到秋末新的植株就会长出来，非常低矮。当冬天来临的时候，它会变得很暗淡甚至叶片会枯萎。到了来年2月，气温回升，新的芽又重新长出，蹿高，直到开出花朵，结出果实，进入下一年的循环中。年高说："如果能完整地观察到这样一整个循环，心中就会有好像通晓了生命的秘密一般的喜悦。"

　　其实我也有观察北京的野花，不过没有好好记录，看过就过了。不像年高，在北京特别短暂的春天里（从2月底到5月初），能记录到开花的野生植物有一百多种。北京城区春季最常见的野花——蒲公英、荠菜、早开堇菜、紫花地丁、点地梅、通泉草、二月蓝、抱茎苦荬菜、黄鹌菜、苦菜、地黄、夏至草、田旋花、附地菜、斑种草、山桃、山杏、毛樱桃、半夏等，都是年高最熟悉的朋友。

　　很多人抱怨城市里的自然条件不是特别好，认为只有去野外才有观察记录大自然的条件，对此年高并不认同。她说："北京城区其实自然条件挺好的，以我居住的广安门地区为例，附近有护城河和莲花河，还有大观园、护城河公园、莲花池公园和无数个街心公园，这些都是非常适合观察野花的地方。我每天中午遛弯的地方在莲花河边，春天时就能看到我上面说的那些野生植物生长在河边或者在街心公园的草丛中。其实观察野花是一件特别简单的事情，只要你找一块荒地，蹲下来，仔细

午高
2015.4.4

4月21日. 蒲公英

　　这几天蒲公英开得满地都是
作为著名的野花. 它得到
许多人的喜爱. 当然. 人们常
把和它长得像的别的植物.
例如抱茎小苦荬 等都统一
冠以蒲公英的 名字.

　　等过一周. 它结果了再来画
一张.

　　　　　　　牛高

看，至少能发现五六种野花。"

　　每个爱野花的人都有一份赏花秘密地图，年高当然也不例外。比如说有一种野花叫阿拉伯婆婆纳，开花特别早，花是天蓝色，有深蓝色条纹，她特别喜欢。但在北京并不是广泛分布，有一年她在大观园南门的草地里看到一片，后来每年都过去看，那一小片阿拉伯婆婆纳总是按时间开着花，仿佛等待着她的拜访，这让年高觉得特别美好。还有一种野花叫点地梅，白色的小花，五个花瓣，中间还是黄色的，但因为我们的园林工人特别勤快，总是将其当杂草拔了，所以在城区不太多见。而她也曾发现过一大片点地梅，开花的时候完全就是白色的花海，每年都要去看一看，但忽然有一年因为盖楼给铲平了，"对我而言，跟失去一个故友一般痛苦"。

年高，自然手绘达人。
本文插图均为年高手绘。

　　年高说，人类活动对城市野花影响太大了，最简单的莫过于对野花生境的破坏。举个例子，早开堇菜是一种紫色的野花，春天时成片盛开特别美丽，可是我们却很少能见到这样的花毯，因为园林工人不断修剪草坪，拔除杂草，就会把这些野花悉数拔掉。这些野花生命力可谓顽强，却也抵挡不住外力的影响。野生植物对很多人而言就是杂草，所以恨不得拔之而后快，所以很少见到什么人的行为滋养，只有个例，之前遇到一个爱花的工人，在她的拜托之下帮她看护住了一棵非常特别的牵牛花。

　　年高并不太推荐非专业人士到深山中去观察野花，一是户外有风险，需要许多条件来保障安全。二是如果还没有认识野生植物就上山，为了观察而观察，很容易影响植物的生长环境，给植物带来不必要的麻烦。不过以北京为例，近郊还是有一些山很值得大家去探索和发现的，比如说香山、妙峰山、京西古道等，方便到达，野生植物的数量和种类繁多，并且分布广泛，不容易因人类活动而影响。春季在上述地点能看到小药八旦子、大花溲疏、细距堇菜、北京堇菜、桃叶鸦葱、蚂蚱腿子、红花锦鸡儿、紫花耧斗菜、白头翁、糙叶黄芪、米口袋、猫眼大戟等，这些都是城市里没有的野花。

对于不认识的野花，年高常向初学者推荐《常见野花》（汪劲武编著），这种口袋书，方便携带，又有非常直观的图像可以看，很适合初学者。当你认识了超过 200 种植物，对植物分类其实就会有个大概的认识，这时候再去查阅地方植物志或者上专业的网站，可以获取更多的信息。

年高也常向朋友们"安利"观察野花的乐趣，希望大家都加入其中。"最浅层的乐趣就是认识了这一种植物。多识草木之名，多识就是快乐的源泉。再就是观察和记录的过程会发现与其相关的事情，如授粉者与花之间的关系，每一个内容延展开都是一个有趣的故事，乐趣非常多。不过有乐趣也有惊险，我曾经在百花山上速写植物，就坐在一条晒太阳的蝮蛇旁边，差点就踩到它，这是印象最深刻的事情。"

认识年高的人都知道，她画得一手漂亮的植物速写，这也是她记录植物的主要方法，而没有绘画基础的人在羡慕之余，会觉得这是自己无法完成的任务。年高说其实不然，她就是完全没有绘画基础的人，从没有专门学习过绘画，发现自己发自内心喜欢这件事情，就去找了一些绘画的书籍来学习，慢慢就画起来了。如今年高属于画得又快又好的那种，如果不上色，速写一种植物大概也就几分钟，如果上色那就十几分钟，画得越细致花的时间越长，但毕竟是在野外，如果速度提不上去，队友是不会等你的，可能年高的速度也是被逼出来的吧。我也在自学画一些水彩小画，知道植物速写其实并不容易，年高能在没有绘画基础的情况下，只用两三年时间就画到得心应手的程度，应该还是有天赋的。不过年高坚持强调每个人都能像她一样记录野花，最要紧的是拿起手中的笔，不要停留在嘴上。当然，如果感觉画画有困难，摄影记录会是更快捷的入门方式。只不过，用画笔记录植物，你不得不放更多的观察在里面，包括那些细节，你都会印象深刻，这对帮助你了解一棵植物非常有用，这是只按一下快门带不来的。

　　在年高那些一翻开就让人不由得发出一声惊叹的水彩速写本上，我看见植物图旁边还会记录着一些信息，如日期、地点、气温、发现的过程或者观察的要点，以及这朵花的颜色、形状、高矮，周围还有什么植物，等等。年高说，你记录得越详尽，脑子里那本自然历就会越完善。

　　那么记录野花这件事到底难不难呢？年高说："如果说难也是难在你不敢开始——跟随我做一个动作吧，首先走到户外，找到你看见的第一朵野花，不要嫌弃它长得低矮、贴地太近不干净，尽可能通过眼睛去看、鼻子去闻、耳朵去听、手去触碰。只有你和自然建立起联系了，自然笔记才会顺理成章地完成。要携带的工具很简单，一个相机或者一个空白的本子，一支笔。你可以选择一直记录同一棵植物，也可以记录一段时间内的大多数植物，这些形式都不受限制。就这么简单，你还有什么理由不马上开始呢？"

　　是啊，还有什么理由呢？春天来了，一朵细小到几乎看不见的野花都在努力绽放，你却猫在沙发里玩手机？如果你记录下来了这个春天的野花，别忘了告诉我，和我分享俯下身时那一瞬间的感动。

花谢之前认清桃李春风面

　　我一直有个心愿，在繁花似锦的春天，可以轻易分辨那些蔷薇科木本开花植物，它们长着那么相似的脸，对我报以同样灿烂的微笑。我也一直有个心愿，认清世人的脸，透过那些端庄的假面，触摸到一颗真心。

　　在一个为人所伤的日子里，我曾写下一首诗，这里有认植物的真谛，却没有认人心的。

　　　《春季来临之前，认清一张脸》

　　　　李花柄长
　　　　桃花柄短
　　　　爱你一世纪
　　　　恨生一瞬间

梅开花叶不同时

杏开反折了萼片

你我背向走

不再有交点

樱瓣有豁口

像扯不圆的谎话

海棠瓣如卵

是装不出的圆满

皱皮木瓜花红艳

短发傻瓜心太软

而梨花一枝偏带雨

蕊尖心血色 疼哭了春天

　　在这首诗里，我根据自己有限的知识归纳了辨认蔷薇科木本植物的几个要点。而植物学达人余天一则打破植物志检索表专业艰深的理论，给了普通人一个认花的捷径。

　　余天一如今还是北京林业大学的学生，他从中学时代起已经在植物圈小有名气。在网友心里，他就是一位博物学"大神"，通过微博、果壳网等向公众介绍各种珍稀物种，解答网友关于植物的疑难问题，还被我国著名植物科学画大家曾孝濂收为弟子。2015 年春天，他的一篇关于分辨蔷薇科春季开花木本植物的文章在果壳网上引起轰动，他打破了植物志检索表中非常有学术权威却不实用的方法，其总结了一套简便易行的看花认植物的方法。他说："植物和我们的生活如此接近，就是我们身边的朋友，认识这些朋友，知道它们的名字，是一件有乐趣的事，也是一件美好的事。"

拜访余天一那天，北京的蔷薇科木本植物还都没有到花期。在余天一的电脑前，在他用几年时间记录的浩如烟海的照片里，我们完成了这次愉快的认花之旅。

桃、杏、李、梅、樱、梨、海棠，当我坐在余天一面前说出这些字眼的时候，我的脑海里没能浮现出它们准确清晰的形象。我相信大多数人也不能，这几种植物几乎同期开花，又长得很相像，如果每种都要记特征可能真记不住。但是，在余天一的脑海里，它们绝不可能混淆，因为他总结出了一个特别直观简单的方法——先按特征分大类。以上七种花，不妨先根据柱头的数量把它们分成两个亚科，李亚科和苹果亚科。其中李亚科的花只有一个柱头，包括桃、杏、李、梅、樱；苹果亚科的花有2～5个柱头，包括梨和海棠。这样大类之间就不会混淆了。然后再看另外一个明显特征：花梗。在以上七种花中，

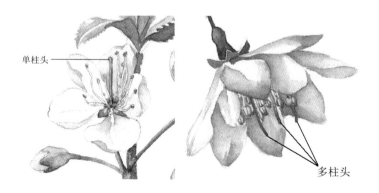

单柱头

多柱头

桃

李、樱、梨、海棠是有较长的花梗的，而桃、杏、梅则是花梗短到接近于无。记住这两个大特征，就把需要辨认的范围缩小了许多。

那么桃、杏、梅都有一个柱头，都梗短至无，这三者之间怎么分辨？一般来说，桃花开花时都会有叶子，而另外两种是花开后才长叶，是花叶不同时的。但是山桃和桃花不同，它也是花先于叶。但山桃很好

碧桃

杏

梅

认，它比桃花小很多，开花最早，北方地区 3 月上旬即可开花，那时候是没有其他蔷薇科木本植物开花的。桃花和杏花相比较，桃花的萼片不会反折，而杏花开花后萼片是反折的。白梅和杏花极其相似，但是梅花的萼片不反折，这一点就可以把它们区分开了。

另外，大部分梅花品种的小枝是绿色的，有些杏梅品种的小枝红中带绿，而杏花的小枝是褐红色的，据此也可区分梅和杏。

在天一的电脑里，我看到了榆叶梅和美人梅的照片，然而它们都长得不像梅花。天一告诉我，这两个确实需要注意，它们虽然叫梅，但都不是梅花。榆叶梅在近年来的分子研究中发现和李类更接近，最常见的是重瓣。重瓣榆叶梅具有花量极大的特点，枝条比梅花软得多，最好认的特征就是它与花几乎同时长出像榆树叶一样的叶片，花梗较之桃稍长且为暗绿色，花药为黄色，主干上的小花经常紧密地生长在一起。美人梅则是重瓣梅花品种和紫叶李的杂交品种，所以它有像李花一样的长柄，同时又具有梅的重瓣和李的芳香，而叶片则如紫叶李一般常年紫色。

说到紫叶李，这可是城市中最常见的了，它和樱花的花期相同，很多人把它们弄混。其实只要记住紫叶李的花瓣前端没有缺刻，且有浓郁的芳香就可以了，樱花的花瓣基本都是有缺刻的。而且紫叶李的新叶是一直保持紫褐色，花朵并不成伞房花序，伞房花序是樱属的特征。说到这里，余天一随手在纸上给我画出了伞房花序和伞形花序的区别。

郊野山间常见的是真正的李花，颜色雪白，通常两朵至三朵

荐书

《常见树木》《常见花卉》，"大自然珍藏系列"口袋书，通过清晰直观的图片教大家认识身边的常见树木与花卉。

《怎样观察一朵花》《怎样观察一棵树》，通过无比精美的照片和优美的文字，带我们进入植物的奇妙世界。

榆叶梅

樱

美人梅

紫叶李

白梨

本文插图均为余天一手绘

并生于枝端，花叶几乎同出，有人会将其和梨花弄混。其实除了上面说到的李花是一个柱头，梨花是 2 ~ 5 个柱头外，梨花还有个特别显著的特征是具有紫红色的花药，这是其他几种开白花的蔷薇科木本植物没有的。区别李花和梨花，除了柱头还有：李花的花序没有总梗，单朵花两三个一簇直接生长在枝条上，而梨花的花序通常有总花序梗，而且花和下方的叶片同时生长出来。

再来说说海棠，它是苹果亚科苹果属的。常见的用于观赏的海棠一般都是重瓣种类，如株型较小的垂丝海棠，以及株型较大的西府海棠。垂丝海棠顾名思义，具有长长的下垂丝状花梗，因此花一般倒垂，而西府海棠花朵颜色更浅、花形更大、花梗直立，开花时远观更为繁茂。海棠花与李花区分主要看柱头，和樱花区分主要看花瓣有无缺刻，和梨花区分主要看有无紫红色花药。记住这些特点，这几种花就分得开了。

需要注意的是，还有一种叫贴梗海棠的植物，和以上提到的苹果属海棠可不是一回事。它是木瓜海棠属的，正式中文名叫作皱皮木瓜。好在它特别容易和其他几种花区分，因为它的花朵是猩红色的，鲜艳夺目。它的花梗极短，所以又被称为贴梗海棠。它不结海棠，而是结一种酸木瓜。而真正的木瓜花色是柔和的水红色，花较之更大，而且通常能长成乔木。"明明是木瓜属又偏偏叫贴梗海棠，只能说'贵圈真乱'。"

听完天一的讲解，我迷糊的脑子清晰了不少，但让我认不错，我还是没有把握。天一安慰我，只要经常走到户外，真花真树地去观察，还是能较快掌握的。虽然认植物不能纸上谈兵，但基本"兵器"还是必不可少的。我请他推荐一些平

时辨认花木的参考书籍和网站，他告诉我应该先熟悉图谱，搞清基本的植物分类知识。看到一个植物能大概判断出属于哪个科，才好进一步往下查询。中国林业出版社的一套"大自然珍藏系列"非常适合入门，北大汪劲武教授的《常见野花》《常见树木》如《常见花卉》，图片和辨认要点都非常清晰明确。进阶可以看《中国植物志》以及地方植物志，就很专业了，需要熟知专业名词，会使用检索表，不过对一般人没什么必要。网站推荐中国自然标本馆（http://www.cfh.ac.cn/），有物种分类树可以帮你了解它的具体分类，还有大量清晰的多角度照片可供记认。

　　当然走到自然中去找到一棵花树，认识它、记住它才是最关键的。

皱皮木瓜

April

四月

用秒速 5 厘米度量春天

　　对于华北地区的人来说，一到四月，即意味着一年春光达到了极盛之时，然而转瞬，开到荼蘼花事了，又一个春天正在悄然作别。由于住在公园附近，我总是能最先感知季节的更迭。再怎么珍惜繁花似锦的春天，也终将迎来落花辞枝的时刻。面对枝下堆叠的落红，有点伤春之余，不禁又会懊悔，没有好好去记录这个春天。而我的小友，植物学达人余天一则不会有这样的遗憾，在刚刚过去的这整个春天里，他用镜头记录了北京的樱花，不同于摄影发烧友的"植物艺术照"，天一从植物学的角度为北京的樱花存了档。

　　说到樱花，大多数人会首先想到日本。日本有一部著名的动画片《秒速5厘米》，影片中说樱花瓣飘落的速度是每秒5厘米。这当然是浪漫的文学修辞手法，但日本人对樱花的爱却确实和它花开花谢的特点有关。因为樱花的生命很短暂。在日本有一民谚"樱花七日"，就是一朵樱花从开放到凋谢大约为

大山櫻

染井吉野

白妙

普贤象

一叶

关山

七天，整棵樱树从开花到全谢大约 16 天，樱花有边开边落的特点，也正是这一特点才使樱花有这么大魅力。不仅是因为它的妩媚娇艳，更重要的是它经历短暂的灿烂后随即凋谢的"壮烈"。"欲问大和魂，朝阳底下看山樱。"日本人认为人生短暂，活着就要像樱花一样灿烂，即使死，也该果断离去。樱花凋落时，不污不染，很干脆，被尊为日本精神。我曾在 2017 年春天去京都看樱花，当年的暖冬使得花期延后，我没有看到"吹雪"的盛景，没能实地体会一下日本人的"物哀"心情。近年来，赴日看樱花的国人也越来越多，当然观光休闲是主要目的。不过对于还在读大学的植物学达人余天一来说，没机会去日本，在北京也可以看到品种繁多的樱花，并自有它的特殊意义。观察近在身边的樱花，美好之处在于即使今年的花期已过，还可以期待明年，期待今后的每个春天。

在余天一的微博里，我看到整个春天被樱花刷屏了，除了清晰的樱花特写外，还详细记录了樱花的品种和发现地点。我问天一，春天开花的植物那么多，为什么选择了樱花作为记录对象。

余天一告诉我，这和樱花的特点有关。天一是个土生土长的北京孩子，自然对北京的植物最为熟悉。在这座非常典型的华北城市里，虽然冬季漫长而寒冷，但是春天来临的时候春花也开得格外茂盛，而这些美丽的春花中的主力军就是蔷薇科植物。蔷薇科植物花期分散，几乎承包了整个春天，从花期最早的岁寒三友之一的梅花，到冰雪未化时盛开的山杏、山桃，再到早春的杏花、李花，然后是暮春盛开的桃花、梨花和海棠，不同的花轮番接替掌管春天。然而这其中有一类花卉观赏时期特别长，从梅花初开一直到桃花将谢，这就是樱花。樱属植物分布的纬度和经度都非常广，种类很多、花期相差也很大，云南原产的高盆樱桃（冬樱花）早在头年 11 ~ 12 月就盛开了，而有些日本晚樱品种直到 4 月中下旬才盛开。虽然大部分早樱不耐寒，无法在北京看到它们的身影，不过玉渊潭公园从中国原产的樱花种类迎春樱桃中选育出了耐寒的品种"杭州早樱"，这样北京在 3 月中旬就可以开始赏樱了。虽然一朵樱花的花期很短，但由于樱属植物总体花期很长，值得跟踪记录，另外也因为樱花的野生种类和品种极为繁多，而且各有各的美丽之处，所以天一才选择了樱花作为重点记录的对象。

在北京，并不用去山野间苦苦寻觅樱花，北京的玉渊潭公园就是最好的赏樱地之一，作为一个樱花专类园十分值得一去。这里也是华北甚至整个北方收集了最多樱花品种的公园，以中樱和晚樱品种居多，同时自 2001 年起公园里又栽培了大量染井吉野。染井吉野是最常见的樱花品种，它的花量极大，花色初开时为粉色，后变雪白，是营造樱花花海的最佳品种。如今公园里的染井吉野已小有规模，我们可以在玉渊潭欣赏到不输给日本的樱花景观。另外，1973 年日本首相田中角荣访华时带来的珍贵的国礼大山樱，其中一部分就栽培在玉渊潭，这是一种新叶深红色、花朵淡粉色的中樱，花量极大，非常美观，天一特别建议大家在春季游赏玉渊潭公园时留意一下。

而就全国范围来讲，看樱花的地方有很多，如果想看樱花的园艺品种，除了北京的玉渊潭，还可以去武汉的磨山樱园和武汉大学、上海的辰山植物园和上海植物园，这些地方相对于玉渊潭收集了更多的早樱品种和晚樱品种。如果想领略樱属原产中国的野生种类，可以去乡野中看一看，冬季可以去云南赏高盆樱桃（冬樱花）、在华南赏钟花樱桃（福建山樱花），早春可以在华东和华中欣赏漫山遍野的山樱和华中樱桃。

近年来，微信公众号上常冒出一些"樱花的故乡其实在中国"之类的文章，不过余天一认为这种说法并不靠谱，因为这里"樱花"这个词限定得不确切。如果说这里的"樱花"指的是樱属的野生种类，那么中国的樱属物种确实是全世界最多的，但是其他国家如日本也有其特有的种类。如果说"樱花"指的是樱属的观赏品种，那么原产中国更是无从谈起了，虽然中国的樱属物种繁多、样貌千变万化，但是中国自古以来不甚重视樱属物种的观赏品种选育，大多是作为果树栽培，很少有人注意到樱花的美。如今绝大多数樱花品种都来自日本，这些品种的主要杂交亲本之中大岛樱和豆樱都是日本特有种。所有东京樱花、吉野樱（包括染井吉野）以及绝大多数晚樱的亲本都是大岛樱，这是一种仅原产于伊豆诸岛及附近的樱花，它为这些杂交品种带来了多花或具有香气或花色洁白等美好的性状。

余天一，植物学达人。本文樱花照片均为余天一拍摄。

如今，在我国国内最常见的樱花品种大部分也是全世界范围栽培最多的樱花品种，早樱里比较常见的有河津樱、椿寒樱、钟花樱桃的品种如中国红等；中樱里比较常见的有大岛樱、山樱、染井吉野等，东北以耐寒的大山樱居多；晚樱主要是粉色的关山，偶尔会有白色的普贤象和白妙、淡粉色的一叶和松月、绿色的郁金和御衣黄，等等。余天一说辨别樱花品种非常困难，主要看樱花的萼片、萼筒和

彼岸系原种
江户彼岸

《秒速5厘
米》剧照

彼岸系品种
八重红彼岸

花梗等特征，需要扎实的植物学专业知识，对于普通人来说，大概知道一些著名的早中晚品种就足够了。

　　作为吃货，我不免好奇樱花和樱桃的关系。余天一说这二者其实是紧密联系无法分开的。我们俗称的樱桃指的一般是樱属的果用品种，这里面其实包括了多个物种的品种，如较小的中国原产的樱桃、较大的欧洲原产的欧洲甜樱桃，也就是我们熟知的大樱桃、车厘子、中等大的常常糖渍了用于甜点装饰的欧洲酸樱桃，等等。而这些果用品种其实也可以观花，如中国原产的小个儿的樱桃在日本被称作"唐实樱"或"暖地樱桃"，作为观赏品种栽培，欧洲甜樱桃也有重瓣的观赏品种。相对的，樱花一般指的是观花用原种和品种，其中大部分果实小而酸涩不堪食用。

　　我问天一他最喜欢的樱花品种是什么，他说是彼岸系，因为它们的颜色通常是柔和的淡粉色，花瓣轻盈而小巧，非常秀美。这不正是少年心中少女的美好吗？2017年7月，余天一凭借一幅《红花羊蹄甲》夺得第19届国际植物学大会植物艺术画展银奖，作为一个少年有成的博物少年，世界上的一切都还是最美好的样子。

养只宠物不可亵玩

　　我养狗，我最好的朋友养猫，我最最好的朋友只专心养孩子。有人跟我说，你们都太不酷了，我介绍个酷的给你吧。于是，我去拜访了武其。

　　武其带着两只大松狮到小区门口接我，我当然不是为了松狮来的，有一只松狮赖在马路中间不肯回家，把我急得够呛，好想赶紧到他们家看看他的最酷宠物啊！

　　武其的家和我想象的一点儿也不一样，他饲养着几十种几百只甲虫，而我进门却一只也没看到，只见墙上、柜上、桌上、地上都是镜框装的各种甲虫的标本。我惊讶地问："你不会没有活的甲虫吧？"他说："当然有。"然后我就在厨房里、厕所里、卧室里看到了一摞摞其貌不扬的塑料储物盒……

　　武其说他的甲虫此时基本都处在幼虫期，是不可以拿出来观赏把玩的。然后，他终于翻出一只刚羽化为成虫不久的锹甲，用水冲干净递给我。看着它头上两个大夹子很厉害的样子，我犹豫着不敢伸手接，武其说它还没过蛰伏期，这时候一点力气也没有，是完全不会伤人的。我这才敢接过来捧在手心，只见锹甲黑亮黑亮的，像一枚宝石。他又拿了一只蛹给我，蜜蜡色的，一会儿装死一会儿不停地扭动，长得就像个外星怪物。更多的那些甲虫我只能隔着塑料容器看，藏在木屑里并看不清楚，无非就是胖胖的白肉虫子。而那些堆得房间到处都是的精美标本，则是他养到寿终正寝的甲虫们，继续在玻璃框里延续着"生命"。

他的两只原生松狮犬对这些甲虫们一眼也不看，热情地围着我转，对于它们来说，甲虫可能还没有我好玩儿。武其说："是吧，如你所见，养甲虫一点也不'好玩'。这就不是一种供人把玩的宠物，甚至都不能算宠物。"

问了一下武其的年龄，吓了我一跳，因为他看上去至少比实际年龄小 10 岁以上，难道养甲虫能减龄？学家具制造的武其，专业跟做的事一点关系也没有，他现在是自然科普教育工作者，带领小朋友们了解自然界的万事万物。武其说自己从小就喜欢昆虫，开始养甲虫是在 2006 年到 2007 年，在那之前他主要是在野外采集昆虫，以鳞翅目昆虫，如蝴蝶、蛾子之类的为主。养甲虫的风潮最早起源于日本，20 世纪70 年代日本人已经开始了甲虫的饲养和研究，中国几乎没人养。这股风潮先传到中国台湾地区，2000 年后，才从中国台湾地区逐渐传到大陆。刚开始他饲养的基本是观赏类甲虫，兜甲、锹甲和铁金龟等，后来养得多了就带有一些研会追求一些珍稀的品种。

交配中的长戟大兜虫

虽然我并不打算亲自养甲虫，但我还是很愿意向武其请教一下怎样能养好它们。他告诉我，甲虫的饲养很特殊，它的一生分为四个阶段：卵、幼虫、蛹、成虫。卵一般十几天孵化成幼虫，而幼虫期特别长，最短也要三个月，最长能达到四年之久。幼虫期非常关键，因为甲虫特别有意思，它的幼虫多大，成虫就会多大，成虫期不再长个，全在幼虫期长了。所以追求大甲虫的人，就要努力把幼虫养得越大越好。

养殖幼虫的时候要准备好塑料箱，就是武其家中随处可见的那种，放入树木枝叶等制作而成的腐殖质。养殖甲虫幼虫的箱子要放在阴凉通风的地方，但不要让阳光直接晒到。每隔一段时间还要更换木屑，还要保持好木屑的湿度，否则幼虫就会干死。所以养幼虫要非常小心，温度、食材、环境等都影响幼虫的变化，而不同的品种对环境的需求又是不一样的。比如，有些热带品种，不要以为它会耐高温，其实它可能因为生活在高海拔地区，反而要求低温的环境，武其会把它们放在地下室，夏天整日整夜地开着空调。

武其说他之所以不能把幼虫拿给我看，是因为幼虫特别敏感，要在黑的、安静的地方养。一动它们，它们就会有应激反应，把肚子里的屎都排出来，折腾一次倒不至于死掉，但是会掉一次体重，这一个礼拜可能就白长了。所以玩家把这叫作"遗忘饲养"，就是说你不要总去动它，好像忘了有这么回事儿一样。有的人养甲虫，没事就把它从土里翻出来，一天观察个好几遍，那没几天它可能就死了。甲虫的幼虫是不用喂的，那些木屑等腐殖质，既是它们栖身的环境，也是它们的食物。成虫才需要喂，吃水果和"果冻"，当然这"果冻"是专门给甲虫吃的，不是

彩虹锹甲雄性成虫

雌雄同体的波特来竖角兜虫

西瓜皮长臂金龟

毛象大兜虫雄虫

印姬虫成虫在威吓对手

武其亲手制作的标本

咱们平时吃的那种。幼虫会变成蛹，
蛹不吃东西，一般一个星期左右
羽化成虫。各种甲虫的幼虫长
相基本一致，但是可以通过
肛门的形状辨别大致的品种。
别看经过那么漫长的时间才长
到漂亮威风的成虫阶段，成虫的
寿命却只有半年到一年，不过死后
做成标本就能长久留存了。

　　武其把甲虫标本拿出来给我拍照的时候，不小心掉在地
上，一只大锹甲的腿断了，他嘴里说着没事没事，我猜心里肯
定挺心疼的。他拿万能胶小心翼翼地去粘那条腿，各种费劲，
脸上却始终挂着微笑。我猜他能养好甲虫也是因为脾气好吧，
不然怎么忍受幼虫寂寞又漫长的生长期？

　　我问他："一般人养宠物会特别注重和它的情感交流，所
以人们最喜欢养猫养狗，养甲虫能和你互动吗？你从中获得什
么乐趣了？"

　　武其回答："刚才说了，甲虫最长的幼虫阶段要'遗忘
饲养'，成虫也是不能和人有什么互动交流的，所以追求这方
面乐趣的人千万不要养甲虫，养甲虫要耐得住寂寞。我喜欢养
甲虫是对观察其变态发育过程感兴趣，从卵到幼虫到蛹到成虫
甚至包括死后的标本，没有什么生物的变态发育过程是这么丰
富。我会在整个过程里做标签、记录变化、量体重，等等。
养甲虫我们也会比谁养的个大，有的人工的比野外的反而养
的更大，这些都很有成就感。另外，甲虫的品种极其丰富，

多达上百个种和亚种，形态千差万别，大都非常吸引眼球。从博物学的收集癖的角度来看，集齐尽量多的品种也是很大的乐趣。"——果然，我认识的博物爱好者都是收集癖。

武其抱了几本又大又厚的图册给我看，说比较好的甲虫书籍资料都是日文原版的，也有一些台版的，现在市面上基本买不到了，如《沉醉兜锹》。但大陆对于甲虫饲养研究方面的书却非常欠缺，有一本《中华锹甲》还不错。他还建议在网上贴吧、论坛之类的地方交流，会方便很多。

据武其讲，现在养甲虫的人不算少，据他总结大概分五类情况。有些年轻人他们不能叫养，就是花钱直接买成虫，不想等幼虫长成成虫那个漫长的过程，就是喜欢成虫好看，武其觉得这不是从心里喜欢甲虫，他们就是图一乐，玩玩而已。有人用甲虫来斗虫，挺残忍的。还有的人养甲虫是为了收集标本。以上三种都是武其不提倡的。还有像武其一样喜欢观察研究甲虫的变态发育过程的，喜欢养稀少的、未定种的，收藏些国内没有的。另外有一类人是带着科研任务养甲虫，搞繁殖、搞学术之类的专家，甲虫对他们来说就绝对不是宠物了。

武其问我想不想养养试试，我摇了摇头，我喜欢可以抱在手里玩的宠物。我拿着他的甲虫标本拍照发了个朋友圈，发现感兴趣的朋友特别多，不过，当知道甲虫是个需要遗忘着养的"小朋友"的时候，还对它感兴趣的，才能算是真爱吧。

荐书

《中国观赏甲虫图鉴》，精美的科学手绘，并配有介绍甲虫生境、习性、食性及嗜好的文字。

《奇妙的甲虫》，适合孩子看的自然科学绘本。

May

五月

那些美味来自"一带一路"

　　2017 年 5 月，第一届"一带一路"国际合作高峰论坛在北京召开，那段时间，全国人民都被"一带一路"这个词刷屏了，而我有幸帮一位老将军收藏家策划举办了一个"一带一路文物收藏展"。在展览中，我"以权谋私"布展了一个自己画的"一带一路"输入植物水彩长卷。虽然我刚自学水彩不久，画得还很幼稚，但在古色古香的文物展厅里，这些花花绿绿的水彩植物还是吸引了不少人的目光。为了画这幅长卷，我查阅了不少"一带一路"传入物种的资料，最大的感触就是，如果没有"一带一路"，我们今天的餐桌该是多么单调。

　　也许我们首先应该感谢的是张骞，连小学生都知道他出使西域打通了丝绸之路。在不少史料中，他被誉为"伟大的植物输入者"，实在是因为"凿空"西域这件事太过重大了。"凿空"这个词非常形象，它形容将壁垒打破了，形成了狭长的走廊，东西之间的交流才开始畅通无碍。东方的丝绸运往西方，西方

石榴

的植物、香料、矿物等开始输入中国。在名著《中国伊朗编》里，作者劳费尔认为伊朗植物向中国输入是一个延续 1500 年的过程，而中国人则倾向于把功劳都归于张骞一个人。劳费尔认为张骞只带了苜蓿和葡萄两种植物回国，而《植物在丝绸的路上穿行》的作者许晖则认为张骞一种植物都没带回来，他当时心系政治无暇旁顾，只带回了大宛马一个物种。

在不同文献版本里，张骞究竟带回了什么物种莫衷一是，我也没有做过多考证，但非常确定的是，在张骞凿空西域之前，物种已经在东西之间开始了神秘的融合与交流。比如小麦，就是前丝路时代西来物种的典型标本。今日作为中国人主食食材的小麦，原产于西亚、北非的"新月沃土"地区。新月沃土是指两河流域东西部的西亚、北非地区在历史上曾有的一连串肥沃的土地，从地图上看其整体好似一弯新月，因此得名"新月沃土"或者"肥沃月湾"。它被称为文明的摇篮，包括巴比伦尼亚、亚述、腓尼基、以色列王国等文明。中国迄今发现的

葡萄

最早的小麦出土于塔里木盆地的小河墓地，它的东面就是著名的楼兰古城遗址。小河墓地距今约 4000 年历史，显然 4000 年前小麦已从新月沃土传入。有学者认为，中国甲骨文中的"来"字就是小麦的形状，其本意就是外来的小麦，后来就慢慢只保留了"来去的来"的意思。小麦对中国人的意义不用说了，像我这样爱吃面食的北方人，很难想象没有小麦，今天的主食餐桌会是什么样子。小麦神秘的自行输入足足早了张骞凿空西域 1500 多年，但不可否认的是，自张骞之后，这条物种输入之路才更通畅，物种输入的数量也呈现了爆炸式增长。

比如，"葡萄美酒夜光杯"中的葡萄，在作为水果之前，葡萄的功用是酿酒，而在中国的古书中第一次出现时写作"蒲陶酒"。那是张骞向汉武帝讲述大宛的物产时提到的。大宛国位于今天的乌兹别克斯坦费尔干纳盆地。张骞很可能在大宛品尝过葡萄酒，但他并没有带回葡萄，不过葡萄和葡萄酒在凿空西域之后很快传入中国，但酿造法并没有随之传入，导致当时葡萄酒十分珍贵，普通人根本无缘得尝。令人奇怪的是，尽管历代皇帝都爱葡萄酒，可直到唐太宗贞观十四年，中国人才从西域的一个突厥族那里学会了酿酒术，葡萄酒从唐朝开始才真正普及开来。如今，中国人对葡萄的认识早已不限于酿酒原料，

小麦

它还是美味多汁的水果、营养丰富的干果。我不是很爱吃葡萄，主要是觉得吐皮吐籽都麻烦，后世的育种专家培育出了不少品种的无籽葡萄，让人吃起来痛快了很多。

同样吐籽很麻烦的石榴，至今也没有发展出无籽的品种，据说它也是张骞带回的美味。石榴原产于伊朗、阿富汗等地。在伊拉克出土的距今4000多年的皇冠上，有精美的石榴图案，足见其栽培史源远流长。传说公元前119年张骞出使西域，来到了安石国。其时，安石国正值大旱，赤地千里，庄稼枯黄，连御花园中的石榴树也奄奄一息。于是，张骞便把汉朝兴修水利的经验告诉他们，救活了一批庄稼，也救活了这棵石榴树。那一年石榴花开得特别红，果儿结得特别大。张骞回国的时候，安石国王送给他许多金银珠宝，他都没要，只收下了一些石榴种子，作为纪念品带了回来。石榴先植于上林苑，骊山温泉一带，后世慢慢进入千家万户。中国人视石榴为吉祥物，认为它是多子多福的象征，古人称石榴"千房同膜，千子如一"。民间婚嫁之时，常于新房案头或他处置放切开果皮、露出浆果的石榴。女人的红裙取其颜色唤作石榴裙，武则天的诗里有"不信比来长下泪，开箱验取石榴裙"。女皇帝的相思之苦和普通女人无异，人们对石榴的热爱也并无二致。

如果说石榴是我第一喜爱的水果，那西瓜可以排第二。中国是目前世界上最大的西瓜产地，但并非原产地。它产自非洲，于西域传来，所以姓西。它原是葫芦科的野生植物，后经人工培植成为食用西瓜。早在4000年前，埃及人就种植西瓜。五代以前，它已经传入中国东南沿海地区，却不叫西瓜，而因其性寒解热，称寒瓜。因此，西瓜是从西域传入中国的说法似有

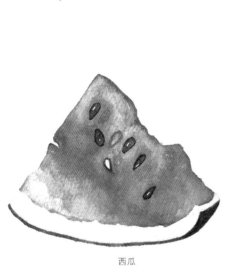

西瓜

黄瓜

　　疑问。那么，它是从什么路线传入中国的呢？有学者推测它是由"海上丝绸之路"传入中国的。汉武帝曾派"译长"，募商民，携丝绸，乘海船去西方国家"市明珠、璧流离、奇石、异物"。海船从雷州半岛启航，沿北部湾西岸和越南沿海航行，绕过越南南端金瓯角，再沿暹罗湾，顺马来半岛海岸南下，到达新加坡，又西折，穿越马六甲海峡，沿孟加拉湾到达已程不国；这条海道，就是所谓的"海上丝绸之路"。多数学者认为"已程不国"是斯里兰卡。这样，斯里兰卡和南洋群岛完全有可能成为中国和非洲交通的中转站。非洲的西瓜可以经过斯里兰卡或南洋群岛再传入中国。广西和江苏汉墓出土的西瓜籽，就是海上丝绸之路沟通中非文化交流的佐证。如今中国各地都有西瓜种植，品种甚多，果皮、果肉及种子形式多样，以新疆、甘肃兰州、山东德州、江苏溧阳、北京大兴等地最为有名。从南到北的中国人，在夏天吃一块冰镇西瓜是共同的乐事。

　　　嘎嘣脆的黄瓜也是经由丝绸之路传入中国的，看看它最早的名字"胡瓜"就知道了。不过这个"胡"指的是哪里，人们的说法又不一样。有植物学家认为黄瓜的原产地是印度，"胡"指印度；东方学家劳费尔则认为这个"胡"是指伊朗，传入中国的时间是南北朝时期。胡瓜明明是绿色的，为什么改姓以后姓"黄"而不姓"绿"？许晖在《植物在丝绸的路上穿行》一书中探讨了这个有趣的问题。在列举了古人的多种说法后，许晖给出了自己的看法，认为从中国古代五色体系来看，黄为土色位在中央。隋朝以异族鲜卑血统入主中国，隋炀帝正是为了宣示隋王室统治的正统性，才将胡瓜改名为黄瓜，将之纳入正统中国瓜文化的象征谱系。在这个瓜文化里，瓜象征着子子孙孙"瓜瓞绵绵"。其实不管胡瓜也好黄瓜也罢，其现在已是中国人菜篮子里的主力。除了做菜以外还能生吃，味道清爽，有独特的淡香，它入脾、胃、大肠经，利水利尿，清热解毒，也深受减肥人士的喜爱。

　　还有一位姓"胡"的老朋友——胡萝卜，一看就知道老家肯定不在中国。它原产于亚洲西南部，祖先是阿富汗的紫色胡萝卜，有 2000 多年的栽培历史。在这之前，民间有一种说法，胡萝卜的祖先是一种杂草，也就是野胡萝卜，和它的远房亲戚香菜、芹菜、小茴香一样，种子磨碎了有香气，其最早的用途是一种香辛料。在德国和瑞士发现的距今 3000~5000 年的人类居住地上，有用野胡萝卜的种子磨成粉的遗址。大概公元 10 世纪，在阿富汗一带，野生胡萝卜被驯化成一种蔬菜胡萝卜。之后，被驯化的胡萝卜开始周游世界，10 世纪时从伊朗传入欧洲大陆，由于地域的差异，阿富汗的紫色胡萝卜逐渐演变为短圆锥形的、橘黄色的欧洲胡萝卜。胡萝卜在元代末期才传入中国，很快又入乡随俗，渐渐变成现在的长根形的中国胡萝卜。

胡萝卜

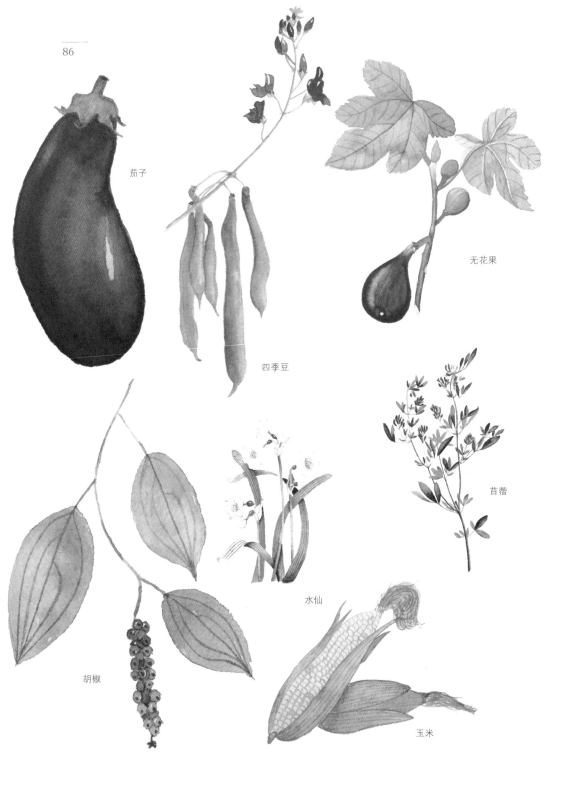

茄子

四季豆

无花果

胡椒

水仙

苜蓿

玉米

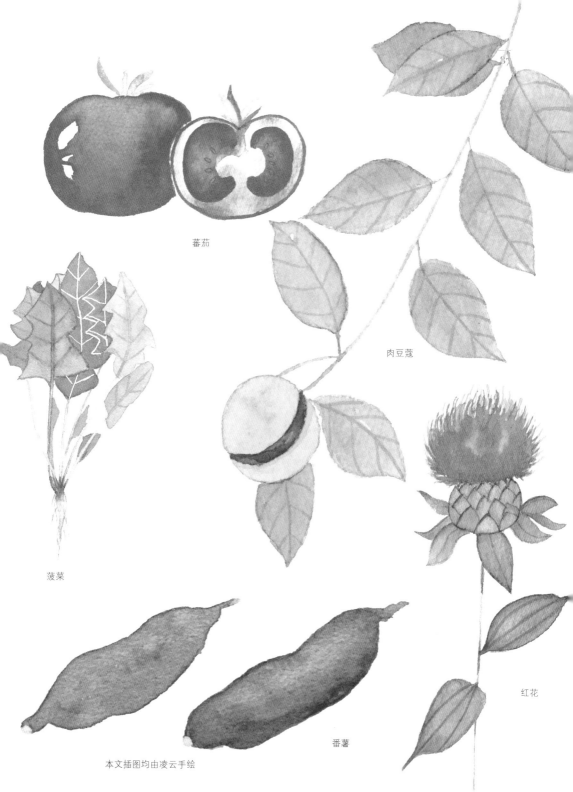

蕃茄

肉豆蔻

菠菜

红花

番薯

本文插图均由凌云手绘

其肉质根可供食用，是春季和冬季的主要蔬菜之一，享有"小人参""金笋"的美誉。除了炖肉非常美味之外，不少人也爱生吃胡萝卜，这样的人会被戏谑为"属兔子的"。不过兔子爱吃胡萝卜只是一种约定俗成的以讹传讹，大约是小白兔配胡萝卜的画面比较好看吧。兔子其实比较喜欢绿叶蔬菜，更喜欢谷物，也不拒绝肉食，至于胡萝卜，饿急了也能吃几口吧。

　　"胡氏家族"里还有胡蒜，不过它如今已经叫大蒜了。有学者又把它的传入归到了张骞名下，不过现在学术界更倾向于采纳日本学者星川清亲在《栽培植物的起源与传播》中的观点，大蒜起源于西亚和中亚，最迟在汉代以胡蒜之名传入中国，当时中国有原产的小蒜，形态和胡蒜类似，但并没有胡蒜辣，便把胡蒜命名为大蒜。非常有趣的是，大蒜明明是一种植物，可以作为药物、蔬菜、调料，但古代中国人却认为它是荤菜。《说文解字》里就直接写道：蒜，荤菜。其实这里的荤指的是味道浓重、辛辣的菜，和今天荤指肉食是不同的。大蒜在古代被归为"五荤"之列，和它并列的还有小蒜、韭、芸薹、胡荽。无论是修仙的方士还是佛家道家，都认为五荤的辛辣之气"昏神伐性"，因此属于禁食之列。不过如今，大蒜除了是调味神器外，还是大家公认的健康食品。确实有实验表明，大蒜中的某些功能活性物质具有一定的杀菌作用，大蒜中含有的含硫化合物和含硒化合物对防癌也有一定的积极效果。但大蒜毕竟只是一种食品，不应该夸大它的功效，更不能把它当成日常生活中的抗癌药物。美国国家癌症研究所称，不推荐任何膳食补充剂预防癌症，但大蒜是一种具有潜在抗癌特性的蔬菜。

　　吃完生的大蒜会"口臭"，所以很多人对它敬而远之，不

荐书

《植物在丝绸的路上穿行》《香料在丝绸的路上浮香》，学者许晖选取经由陆上丝绸之路和海上丝绸之路传入中国的十三种植物和十四种香料，详细为读者朋友们讲述它们的传播路线、功用以及在各自文化谱系中的象征意义。

过我却是无蒜不欢，特别是吃面条和饺子的时候，不就着生蒜，那等于没吃，大不了吃完再想办法。古人也很会为口中异味想办法，这时候该丁香出场了——"独自彷徨悠长又寂寥的雨巷，我希望逢着一个丁香一样地结着愁怨的姑娘"——等等，我要说的丁香并非戴望舒所述的丁香，从意象上看，戴望舒的丁香是紫丁香无疑，它原产于中国华北地区，属于木犀科丁香属，是观赏丁香，和"一带一路"没关系，淡紫色的丁香和忧愁的姑娘倒是颇有几分相像，只不过在现实生活中，整天哀婉愁怨的姑娘是让男人避之不及的。而另一种丁香——原产于热带地区，桃金娘科蒲桃属，种仁由两片状似鸡舌的子叶合抱而成，故又称"鸡舌香"。这种丁香是著名的香料，汉朝人称尚书郎为"怀香握兰"，怀里揣着鸡舌香，手中握着佩兰。而也正是在汉朝，丁香才从印度尼西亚的摩鹿加群岛传入中国。它还是世界上最早的口香糖，从汉代起大臣们就已经口含鸡舌香上殿奏事了。大臣们以"同含鸡舌香"来形容同朝为官之谊。到了北魏时期，鸡舌香才有了丁香的名字。《齐民要术》中说："鸡舌香，俗人以其似丁子，故为'丁香子'也。"状似钉子，是形容它尚未完全绽开的干燥花蕾的。此种丁香在《中国植物志》的中文名是丁子香，当这种植物的花蕾由绿转红的时候，将它摘下，晒干后则得到了我们的香料丁香。香料丁香的味道为辛、香、苦。可以单用或者与其他调料合用，常用于蒸、烧、煨、煮、卤等菜肴，如丁香鸡、丁香牛肉、丁香豆腐皮等，是东南亚人们的厨房里必不可少的一味香料。下次炖肉吃到丁香的时候，不要再以为是你楼下那棵结着愁怨的紫丁香了。

月季或者玫瑰的秘密

　　并不是每个女人都喜欢玫瑰，比如我。它太多刺了，令人疼痛，一如爱情；它太多见了，令人厌倦，一如打着爱情幌子的滥情。

　　爱情与滥情我都见过，很多时候，分辨它们并不比分辨一朵玫瑰和月季更容易。怎么说呢？当你给心上人送上一大捧玫瑰花的时候，你一定不会想到，我们都被一个漂亮的商业谎言欺骗了，因为你99%以上的概率买到的是月季，它也不是浪漫的法国出身，中国才是它真正的老家。

　　2016年5月，世界月季洲际大会来到了月季的故乡——中国，全球的月季专家齐聚北京大兴，老百姓也多了几千亩的赏月季胜地。其实在此之前，北京人已尽享月季的斑斓丰饶，三四环路的绿化带上遍植各色月季，五六月正值盛花期，开车通过三四环，如同在花圃里穿行。可是我们那么司空见惯的月季，究竟有什么秘密技能，让全世界的人都对它趋之若鹜，要

Rosa Indica. *Grande Indienne.*

为它举办气势宏大的洲际大会？我决定去拜访原北京植物园园长、中国花卉协会月季分会理事长张佐双先生。

张先生作为为我国园林花木事业作出过突出贡献的专家，享有国务院政府特殊津贴，在中国植物多样性保护、植物迁地保育、兰花保育等方面均有建树，而他和月季更是有着不解之缘。在北京植物园花开正盛的月季园里，张先生大手一挥，颇为得意地对我说："这个园子是我建的！"

张先生和月季结缘是 1983 年到北京植物园当园长之后。1987 年月季当选为北京市花，张先生带领北京植物园担任了大量的月季繁育工作。1993 年，他又主持在植物园里建起了月季专类园，有七公顷，一千多个品种十万多株月季。在工作中，张先生投入了大量精力研究月季，用他自己的话说"越了解就越喜欢"。他说："如今月季很常见，你们可能觉得它太过普通，但它在世界历史上颇有传奇色彩。就拿月季为什么象征和平来说，'一战'期间给约瑟芬皇后送玫瑰（其实就是月季）的车要经过英法交战的战场，两国为此暂时停战。'二战'期间，德国侵占法国，法国人弗朗西斯为了保护一批刚培育出的月季新品种小苗，克服重重困难将它们送到了美国一家育苗公司，后来它们长成了黄色带红晕的月季，被月季协会命名为'和平'，巧的是，在这一天德国宣布投降。此后月季协会又为'和平'授了奖，更巧的是，授奖的当天日本宣布投降。至今'和平'都是现代月季里一个重要的品种，它见证了人类和平的历史，你看，它真的很传奇吧？"

"和平"月季命名和授奖的两天，正好是德国和日本投降的两天，叫作"和平"真是实至名归。我问张先生最喜欢哪

爱

北京红

冰山

黄和平

月月粉（古老月季）

绿萼（古老月季）

摩纳哥公主

杰乔伊

佐双

种月季，他说月季应该是很亲民的，是家家都可以养得好、喜
欢养的，因而他喜欢皮实、花多、好养的，如"北京红"就是
这样的品种，火红的花朵虽然司空见惯，但实在
喜庆、热烈，和中国老百姓的审美很一致。

　　漫步月季园，各种花色花型目不暇
接。当我们路过一丛橙色月季时，跟在
旁边的工作人员立即指给我："看，这
是以我们张园长的名字命名的。"我才
发现名牌上写着"佐双月季"。原来这
种月季是澳大利亚月季专家劳瑞纽曼花了
三年时间培育出的新品种，为感谢张佐双会
长在增进中澳月季交流方面所作出的贡献，特取名
佐双月季，并无偿捐赠给了北京植物园。我让张先生和佐双月
季合个影，他蹲在了花丛边，那些花朵在阳光下闪着橙色的光
芒，它们花型饱满、枝条硬朗，看上去充满活力，和每日奔波
在园林养护第一线晒得黝黑的张佐双先生，简直是相配极了。
忽然觉得那个澳大利亚专家真有心，倘若把其他颜色的月季命
名为"佐双"，还真有点别扭呢。

　　在园子里，我还发现了一些花朵较小、枝干纤细的粉红色
花朵，我以为是蔷薇，但张先生告诉我它们是古老月季，是我
们中国人的宝贵遗产。月季是蔷薇属植物，这个蔷薇可是源远
流长，据古生物学家考证，在第三纪的始新世期有过繁茂的发
展。我国抚顺地区曾发现距今约 6000 万年的蔷薇植物叶片化
石，与现在的玫瑰的叶片极为相似。这说明我国是蔷薇属植物
的主要发源地之一，汉代已有规模较大的王室或贵族的庭园栽

张佐双，北京植物园原
园长，中国花卉协会月
季分会理事长。

本文图片（除手绘图外）
均为张成龙拍摄。

有蔷薇属植物。

据《贾氏说林》记载，汉武帝有一天和宠妃丽娟在上林苑里赏花，当时娇滴滴的蔷薇花刚刚绽放，汉武帝说："这花儿比美人笑得还好看呢。"丽娟就顽皮地问："笑能花钱买到吗？"汉武帝说可以呀。于是丽娟就拿来一百斤黄金作买笑钱，这一天把汉武帝哄得高兴极了。从此蔷薇还多了个"买笑"的花名。在汉代以前，这种一年只开一季花的叫作蔷薇，后来人们发现有少部分蔷薇品种一年可开多季花，便把它们集中起来重点培养。到了唐代，这些开多季花的品种达到了一定规模，被称为月季。明清时期月季花的专著相继问世，如《月季花谱》载有月季 131 种。不过这些都是"古老月季"，我们现在能看到的大部分都是"现代月季"了。

要想知道现代月季和古老月季有什么区别，这就得先从"现代月季"是怎么来的说起。200 多年前，法国人从广州芳村买了四个月季品种带回国进行定向杂交，用了七八十年时间才得到了一个他们理想中的优良品种。这个杂交育种的过程非常不容易，温度、湿度、光照，大自然的风雨雷电，土壤、环境等，都会对杂交结果产生影响。杂交出的新品种小苗还要经过严苛的斯巴达训练，不浇水、不施肥、不打药，它都能挺过来，并且遗传性状稳定了，这个新品种才算培育成功了。法国人花七八十年育出的这个品种是用中国的长春月季和茶香月季杂交的，于 1867 年诞生，取名 LaFrance，它花大、色艳、芳香、植株挺拔、四季开花，并且它的抗病虫害和抗逆性特别好，也就是从这个时候起，"现代月季"诞生了。发展到今天，欧美培育出的现代月季已达到 10000 多个品种。

荐书

《玫瑰圣经》，法国约瑟芬皇后的御用画师——皮埃尔－约瑟夫雷杜德画下的 169 种玫瑰的版画，并系统地介绍了玫瑰的起源、特征、分类、用途、香味，被后世推崇为 200 多年来举世无双的"玫瑰圣经"。

《中国古老月季》，专业书籍，是对中国古老月季的详细研究。

不管是丽娟用蔷薇哄汉武帝，还是拿破仑用玫瑰哄约瑟芬，他们手中的鲜花和现在情人间互送的花朵其实都有一个共同的真实身份——月季。

张先生说，现在很多人混淆了月季和玫瑰，虽然它们都是蔷薇属植物，英文都是 rose，但月季的学名是 Rosa chinensis，玫瑰的学名是 Rosa rugosa，所以它们是完全不同的两种植物，其实在外形上还是很好分辨的。月季的叶子无皱缩，有光泽；玫瑰的叶子无光泽，叶脉凹陷而皱缩，背面稍有白粉及柔毛。月季花茎上的刺均为皮刺，比较大，每节大致有三四个，很好除掉；而玫瑰的花茎上除了皮刺还有针刺，密密麻麻，非常难以去除。月季的花朵也较玫瑰要大一些，并且颜色多样，一般为单花顶生，也有数朵簇生的，一般为 1~3 朵，花径 5 厘米以上，花柄长；玫瑰花朵较小，一般为粉红色，单生或 1~3 朵簇生，花柄短，形态并不适合用作鲜切花。月季四季都会开花，而玫瑰一般只在夏季开一次花。月季的果实为圆球体，玫瑰是扁圆形的果实。不过真正的玫瑰，芬芳沁人心脾，所谓"赠人玫瑰，手有余香"，此话说得一点都不假。所以种植的玫瑰一般是用来提炼香精制成香水、化妆品的，还有一些食用玫瑰品种，可以泡茶、做点心馅儿。而我们在花卉市场买到的所谓玫瑰鲜切花，基本上百分之百是月季，它们也基本上没有香味儿，更不能食用。

不过北京人还是对月季情有独钟的，它的北京

Rosa Muscosa

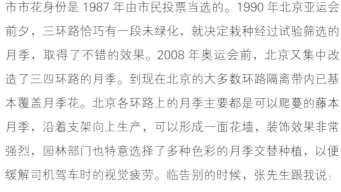

市市花身份是 1987 年由市民投票当选的。1990 年北京亚运会前夕，三环路恰巧有一段未绿化，就决定栽种经过试验筛选的月季，取得了不错的效果。2008 年奥运会前，北京又集中改造了三四环路的月季。到现在北京的大多数环路隔离带内已基本覆盖月季花。北京各环路上的月季主要都是可以爬蔓的藤本月季，沿着支架向上生产，可以形成一面花墙，装饰效果非常强烈，园林部门也特意选择了多种色彩的月季交替种植，以便缓解司机驾车时的视觉疲劳。临告别的时候，张先生跟我说："你在北京看月季可太方便了，甚至不用去公园，开车在环路上转转，就能尽情欣赏月季啦。"不过我觉得，到植物园的时候专门去看一下"佐双月季"也是极好的。

读到这里，若你发现心上人送你的玫瑰都是月季，不要不开心呀，因为这些玫瑰（月季）一点都不普通，它们身上藏着造物主埋下的最有趣的小秘密。如果你手头正好有一枝，请将它翻转，仔细看看它的花萼——五枚萼片中，有两枚两侧边缘有小翅膀一样的突出物，两枚没有，还有一枚一侧有"小翅膀"一侧没有。如果你能看尽你爱人送你的 999 朵玫瑰，你会发现每一朵的花萼都是这样神奇的结构（极个别变异为六片花萼的除外）。

迄今为止，没有一位植物学家能说出玫瑰花萼如此特别的原因，也许这也正好暗合了爱情的秘密——没人能弄懂爱情的特别，我们不知道它什么时候发生，什么时候离去，我们唯一能做的就是让自己的心中有爱，让灵魂即使孤单也不再害怕。

June

六月

降水线迹积雨云。积雨云巨大的云体可以厚逾万米，云底
则是一片伴随电闪雷鸣的狂风暴雨，那些黑线就是降水的
线状痕迹。遇到这样的云，最好还是远观勿近吧。

做一个幸福的观云者

　　可能因为我的名字里有个"云"字吧，我对天上的云也有不少偏爱，不过只限于抬头观赏，没有特别去研究。其实，云对于普通人的吸引力一点儿也不比对我的少。每当好天气，朋友圈里晒云的人特别多，或者湛蓝的天空里朵朵白云，或者铺满半边天的火烧云，让人一下子心情明媚；坏天气也有人晒云，当黑云压城，好似电影大片镜头，不用说一场暴风雨即将来临。普普通通的日子里，只要我们抬起头，就能轻而易举地从云中得到很多乐趣。但计云却告诉我："不如你稍微加入些技巧去观云，快乐会加倍。"

计云倒不是因为名字里有"云"才爱上云的，中国农业大学植保专业毕业的他，原本是个昆虫爱好者，因为经常去野外拍虫子，所以需要格外留意天象，当他有一次无意中把对准虫子的镜头对准天空时，新世界的大门轰然打开。

博物爱好者都有收集癖，计云当然也不例外，他想用相机记录下更多类型的云，便开始研究云的形成、变化、种类。最疯狂的一次，他为了拍一种没见过的云，火速跳上了北京开往天津的高铁，一路追着云跑，终于在武清逮到了这片神奇的糙面云，而他追上的这片云，也是我们国内首次记录到的典型糙面云。如今，计云已经练就了看云预测天气的本领，终于不用在野外拍虫子的时候被突如其来的暴雨淋成落汤鸡了。而他说，观云"功用"是小事，享受其中变化万千的美丽才真正让人幸福。

第一次见计云是在咖啡馆，对他的年轻帅气印象深刻，不一会儿他女朋友（现在已是妻子）走进来，又着实让我惊艳了一番，面对这样一对金童玉女般的人物，我差点儿把采访主题忘了，闲扯了半天才想起来问："看云，抬起头来就能看，这事儿有什么讲究吗？"计云立即正襟危坐："看云可以很随便，但我习惯称之为观云，有观察在里面就不一样了。"

计云告诉我，无论是东方还是西方，对云彩的观察、猜测、辩证、利用，始终沿着科学与迷信的斗争线伴随人类左右，几乎与人类文明的历史同寿。古籍中，观云是占卜当中十分重要的一项，云和其他天象一起，常被指为自然灾害、政权更迭和战争的先兆。人们按照经验主义，将一些云彩的出现与一些天气变化联系起来，进而利用云彩作为先兆来趋利避害。有很多关于天气的地方性农谚，确实是比较准确的。比如，北京民谚

"丝云连三天，必有风雨现"，说的是卷云连续出现并覆盖天空，预示着将要变天。据他近年来的实际观察，这一民谚的准确率几乎为 100%。这是由于卷云出现时间较长并慢慢增厚，在温带地区一般是暖锋来临的前兆，暖锋过境，自然要变天。如果当年忽必烈会观云，就不会两次都在远征日本的海上遇到台风全军覆没，历史就改写了。如今的天气预报中我们会频繁地听到"卫星云图"这个词，卫星云图是气象卫星自上而下观测到的地球上的云层覆盖和地表面特征的图像，为天气分析和天气预报提供依据。

"你说的观云在农业和军事上很有用，似乎离生活有点远？"我小心翼翼地打断他。"观云在我们的生活中无所不在呀，不信你看'祥云'。"计云接着说。祥云不只是奥运火炬，类似图样至少从周代就已经被人们广泛使用，纵贯 3000 年历史，每朝每代都为人们所津津乐道。那么祥云是什么呢，按照近代科学分类法，这样一团团飘逸且带有小尾巴的云朵无疑是卷云。在对云朵的审美上，中西方是出奇一致的。西方世界也认为卷云是最漂亮的一种云，卷云的丝缕状结构无比飘逸，在蓝天衬托下，诱发出了人们对于生活最美好的情感。

那么，不同的云是如何形成，又如何分类的呢？计云耐心解释。云的形成要有两个最基本的条件：一是有充分的水汽，二是有使水汽凝结的空气冷却，两个条件缺一不可。

计云，自然科普工作者。本文图片均为计云拍摄。

大量的水汽加上空气冷却，还不能凝结形成云，这时还需要另一个条件——凝结核。如果空气是绝对纯净、没有任何杂质的，水汽分子就无从依附。单个水汽分子之间相互合并的能力在一般气温条件下是很小的，它们相碰后往往又分开。即使聚合起来形成细小的水滴，也因为水汽分子很小，其形成的水滴也很微小，就会迅速被蒸发掉。不过，大气中是含有大量微小粒子的，如盐粒、烟粒、尘埃等，它们在水汽凝结成水滴的过程中起着凝结的核心作用，也就是气象专用术语里的凝结核。当充足的水汽、使空气冷却的上升运动和凝结核三者皆备时，云就水到渠成地形成了。

　　而学些云的分类知识，其实也很有趣。在气象观测中，根据云底高度和云的基本外形特征，将云分成高云、中云和低云，再将高云分为卷层云和卷积云；中云分为高层云、高积云；低云分为层云、层积云、雨层云等十个属，再根据云的外形特色、排列情况、透光程度、附从云，及是否从其他云演变而来等，分为更细的类别。如果想进一步了解这方面的知识，计云为大家推荐英国人加文·普雷特－平尼的《宇宙的答案云知道》一书，他于 2004 年成立了世界上第一个赏

多层荚状层积云，"世界十大奇云"之一。由空中的劲风与地形共同塑造，像个小旋风，或者层叠的糕点，多出现在多山地带。层数越多、层叠越整齐，则越罕见。

云协会，这本书以云的十大分类为基础，详细介绍了云朵变化的科学原理。不过对于刚入门的观云者来说，这本书有点深奥，那么不如从张超夫妇与王辰合著的《云与大气现象》入手，这本书介绍了114种云和大气现象，每一种云都有精彩图片、形态描述和识别要点，看图识云就容易并且有趣多了。计云也为此书贡献了不少云彩的照片。

　　对我来说，观云，现阶段就是"躺在草坪上懒洋洋地看云彩"。计云说，这样的家伙各国各地各个时代每天都有。而真正具有博物学家之心的观云者，如果恰好又是个画家，则其成果往往会体现在其作品中，如乔尔乔内《沉睡的维纳斯》背景的浓积云、莫奈《打伞的女人》天空中那消散中的高积云，都源于平素里细致入微的观察。邻国日本在博物学的道路上，远远领先于我们，包括云彩在内的自然科学知识，常常被漫画家用线条和网点所展现出来。比如，翻开《机器猫》各卷，只要是出现傍晚、夕阳的场景，大多画了一种很狭长的长椭圆形的云彩，这就是科学上的"向晚性层积云"。这种云是由于日落时分，气温降低，大气中上下对流减弱，云层由垂直发展（变厚）转为水平发展（变长变薄），它基本只出现在傍晚，而再去看《机器猫》中的其他时间场景，作者是没画过这种云的。

　　计云问我："有没有一种莫名的敬仰油然而生？"我连连点头。他说相比起来，中国的自然教育是严重缺失的。他带过一些自然观察亲子班，发现经常接受自然教育的孩子在视野、敏捷度和逻辑思维方面远远领先于同龄的不太接触自然的孩子。所以，观云也是培养自然观察意识的一个特别好的途径，对其他类别的观察也可以触类旁通。

① 有时候天空会出现羽毛状的云，非常漂亮，那是羽翎卷云。但本图中的，只能叫作伪羽翎卷云，它由飞行航迹形成。你可能想不到，在大风的塑造下，飞机尾巴的拉线可以形成如此壮观的云朵。画面中部大抵保持拉线状的航迹，和更高空被吹成羽毛状者，告诉我们不同高度的空中，风速和风向有很大不同。

羽翎卷云 ¹

日出前幡状高积云

糙面云[2]

②糙面云,"世界十大奇云"之一,是波状层积云在极端气流条件下的变种云,同时也是2012年才被正式确认存在、最新发表的一个云变种。极度无规则扭曲、挤压状的巨大波褶和密布云底的粗糙小纹理,是典型糙面云的特征。这种云偶尔出现在锋面过境之后,极其罕见。计云于2013年10月14日摄于武清,这也是我国首次正式记录到典型的糙面云。

那么怎样成为一名观云者呢？如果你对云产生了兴趣，恭喜你，你已经有了一名观云者的心。自此，你会下意识地、时不时地抬头仰望蓝天，甚至开始埋怨家里某个方位没有窗户；飞机上的时间对你来说不再是无聊的睡觉，那些舷窗外的云朵随着 900km/h 的速度不断变幻着种类，即使阳光刺眼你也舍不得拉下挡板；渐渐地，你会发现生活中一些零散的时光碎片被观云完全地利用和拼凑起来，使得你在等待、交通、运动、休闲、旅行当中，多了一项饶有趣味的收集性爱好。很快，你能够看到一些不寻常的云朵、罕见的天象，这些现象对于普通人来说也许"一生只能看到一次到两次"，然而因为你的有心，每年都能见到好几次颇为壮观的天空奇景。

"可是我看见奇异的云朵，却不认识怎么办？"我看着计云向我展示的壮观的云朵照片，为叫不出它们的名字有点着急。

"作为观云者，你会自然地想要把看到的不认识、不确定，或蔚为壮观的景象记录下来吧？"计云不紧不慢地说，"将拍摄到的图片分享出来，是进行交流学习以提升自己的必要手段。"

在新浪微博上，有许多关于观云和云中天象的话题，如"大天文""云图鉴""中国好云图""中国冰晕通讯""北京天象记录"等，不妨搜索以上字眼，就会发现已经有数千位观云者结成互粉网络，每个人都有一双渴望发现的眼睛，会将看到的关于云彩和天象的问题、图片"@"其中的观云达人。每天这样的"@"都有几条甚至几十条之多，任何一个拍到精彩云图或奇异天象照片的微博基本都不会被遗漏。朋友之间可以组成交流群体，同一地区的观云者之间通过微信群时时互相通报，更能避免你错过任何一次美好的天象。比如，目前北京的观云

荚状层积云

复层积云

乳状云，"世界十大奇云"之一。更科学的叫法是悬球状积雨云，目前认为其是因剧烈的垂直对流而形成，不常见，多出现在雷雨刚过的尾声。云底密密麻麻出现大量下垂的悬球，如同炸弹将要落下一般，带给人奇异、恐怖、压抑的感觉。

波浪云，"世界十大奇云"之一。　　　　落幡云洞，"世界十大奇云"之一。

爱好者自发建立运行的有"北京天象时时互报与讨论"微信群。融入大集体以后,你可要做好"时刻警惕着,接到通报放下工作赶紧冲到窗边"的心理准备了。

　　作为一名合格的观云者,会为云拍照是一个基本技能。这是个举起手机就能拍的读图时代,不过不是所有手机都有很好的拍摄效果,所以认真的观云者应该配备一台数码相机,且为了满足拍摄远处(或微小)与近处(或巨大)的云彩,镜头应该拥有较大的变焦范围。拍摄云天,要尽量将地景包括进来,不要只是仰拍云在天空中的特写,这样做,配合拍摄时的焦距参数可以辅助判断云的大小、距离、高度,这对于某些相似云种的正确鉴定是必要的;同时,对于无法当场判断种类的云,应当至少连续间隔记录其随后半小时内的形态变化,这样一组照片要比一张孤立的照片,更能提供准确鉴定云种及判断其发展状态的信息。有些云种在早晨或(和)傍晚更容易出现,即使只是普通的云种,其在晨曦或暮色的渲染下,拍出的照片也会比大中午拍的更有视觉欣赏价值。所以关于云的大片,大多是晨昏时分拍摄的。

　　计云还是个不折不扣的火车迷,跟我聊观云的过程中,总是不知不觉又扯上几句火车,于是在告别之前,我决定问一个他肯定特别喜欢的问题:"坐火车的时候有什么观云技巧?"果然他很兴奋:"太有啦,观云要特别善于利用交通工具,我飞机、火车和你一块儿说。坐飞机看云可以看到很多种类,宏伟壮观,像云的博物馆;坐火车看云则能追踪云的发展变化,像在阅读一本有趣的小说。坐飞机观云选座要选在最前面几排靠窗的位置,最后面几排次之,主要是为了避开机翼。但从后排窗口拍照会因为发动机热气扰动，拍摄画面中总有模糊的地方。如果以拍摄云彩美图为主，一定要坐在顺光方向；而如果以目睹罕见天象为主，就要坐在逆光方向，提前值机选座很重要。而火车适合特别悠闲地观云，绿皮车的车窗可以打开，效果更好。青藏线是观云最佳路线，沿途没有电线和树木的遮挡，可以看到非常壮美的景象。如果坐火车拍云，适合选择上行路线，即始发车辆，而不是返程车辆，因为这时候的车窗玻璃还比较干净。"

据计云透露，他喜欢站在车厢连接处拍云，因为那里的玻璃面积大，他往往一站就是一路。如果你哪次坐火车看见一个高挑帅气的男青年站在车厢连接处一直对着天上拍照，那你很可能是邂逅他了。

出门时，我掏出墨镜，计云说："随身携带墨镜，恭喜你，又离合格的观云者近了一步。戴上墨镜能够观察靠近太阳的云和某些大气光学现象，既能保护眼睛，又可以看到更多被阳光所淹没的细节，比如虹彩。"我抬头看了看天，这一刻居然万里无云。

荐书

《云与大气现象》，每一种云都有简洁明确的识别要点和精美图片，此外还有云的谚语口诀，用以通过观云推测和判断天气变化状况。

《宇宙的答案云知道》，书中讲述了风起云涌的科学原理、朵朵白云的趣闻逸事。

与天斗其乐无穷

进入夏季，天气预报里的暴雨和雷电预警渐渐多起来，经历过北京"7·21"特大暴雨的人，对这种预警都特别敏感。最近一次暴雨预警，我们单位甚至决定下午提前放假，可是那天北京只下了零星小雨。第二天上班，大家纷纷抱怨天气预报不准，说古人都能夜观天象，掐准点儿什么时候刮起东风，现在科学这么发达了，怎么反倒感觉天气预报常常失误？于是，我想起了我的老朋友"气象先生"宋英杰，带着大家的疑问，我走进了中国气象局。

很多人都是看着宋英杰的天气预报长大的，这句话一点儿也不夸张吧？他除了是中国第一位专业的天气预报主持人外，还是中国气象局的高级工程师。他报天气预报可不是单纯靠背串词，很多都是来自他的专业思维。知性帅气的形象和自然诙谐的语言风格为他赢得了众多观众的喜爱，亲切地称他为"气象先生"。

一走进他的办公室，我立即感受到了浓浓的学术氛围，宽大的办公桌上，堆满了各种与气象、天文、地理等相关的书籍。近年来他更是对中国相关古籍涉猎颇多，还开了微信公众号，从天气、物候的角度解读二十四节气。我觉得我想弄清楚从古到今人们都是怎么预报天气的这回事，找他是再合适不过了。

"巢居者知风，穴居者知雨，草木知节令——这是中国古人的智慧。"宋老师一开口就引经据典，我赶紧掏出了小本本。

说实在的，我不能开口就问人家天气预报怎么老报不准啊，于是就先从古代聊起了。

我问："近年来我们常听到'全球气候变暖'这个词，是不是古代比现在凉快多了？"刚才走了一身汗，这会儿坐在空调房里觉得很幸福。"并不是呀。"宋老师露出和屏幕上一样的招牌微笑。他告诉我气候的寒冷期和温暖期是交替出现的，而且往往温暖期多盛世，寒冷期多乱世。文明的发源也和气候有关，有研究显示季风气候容易孕育古代文明，因为季风气候是雨热同季的。在农耕时代，人们靠天吃饭，实际上是靠夏天吃饭。一年中最热的夏天恰好也多雨，阳光雨露，雨热两种极致气候叠加，惠及作物，这对当时的人来说是上天最好的恩赐。在温暖期，夏天足够热，暖而湿，庄稼长得足够好，人们丰衣足食，自然社会安定、文化昌盛。而在寒冷期，农业歉收，人们无法安于田园或草原，国家也不能自给自足，兵荒马乱的时代就来临了。

宋英杰，中国气象台高级工程师，央视天气预报主持人。

氣如蛇貫日占

朱文公曰
氣如蛇毋貫日當占其色
宋志曰
氣如蛇貫日青則疾疫五
穀傷

《占日测病》，出自明代《御制天元玉历祥异赋》。中医
的基本思想是"天人合一"，即通过天象和天气，可预测
人的身体健康状况。

六月

帛书云气占图。1973 年出土于湖南长沙马王堆 3 号汉墓，为帛书《天文
气象杂占》的一部分。图中所用字体，虽是隶书，但篆书意味非常浓厚，
可见这幅帛书的传抄，至迟不晚于西汉初期，也不可能更早。

在中国历史上，秦、西汉是温暖期，东汉三国是寒冷期，唐宋
主要是温暖期，明清主要是寒冷期。特别是南北朝时期和清朝
可以称为小冰期，特别寒冷。稍微懂点中国历史的人一对照，
就会发现，冷暖与盛世、乱世的对照非常明确。

"那寒冷期和温暖期相差多少度啊？"

"1℃。"

"什么？差 1℃就差出个盛世、乱世去？"我惊得笔差点
掉了，好像知晓了个天大的秘密。

"是呀，这里指的是年平均气温，差 1℃已经非常了不得
了！"在专业人士看来，我这是大惊小怪吧。他接着说，暖期
与冷期的气温差别当然也可以高达两三摄氏度，但很多自然条
件都会为之改变。比如，我们现在的年均气温比工业革命前高
0.85℃，已经说全球气候变暖的形势很严峻了。工业革命之

后，人类活动造成的温室气体排放等影响，让气候变暖的速度加快了。气候变暖又造成整体能量水平上升，跌宕就更大了，所以小概率气象事件变得多发。本来在气候变化规律平稳的年代里"百年一遇"的极端天气，现在可能几年一遇了。比如，2016 年 1 月 24~27 日广东那次被网友称为"大 BOSS 级"的寒潮，连广州都下雪了。有人问不是气候变暖吗，怎么来的是大寒潮？这就是整体能量水平提升造成的跌宕。宋老师开玩笑说现在的天气变得奥林匹克了，"更高、更快、更强"，气温更高、降水更快、台风更强了。

不过，气候的变化是自然规律。里约奥运期间傅园慧说的"洪荒之力"刷爆了朋友圈，什么是洪荒之力，就是自然界最原始的力量。天地初开之时，大洪水泛滥、火山爆发，那时的气候要比现在暴躁得多，往往是以火山爆发和板块漂移的方式呈现的。地球是慢慢进入气候温和期的，气候的自然变率是舒缓的，变化需要漫长的时间累积。如果按照自然变率来讲，现在地球应该处在趋冷的时段，但工业革命之后的人类活动，让气候反自然规律而行了，原本比较平坦的温度曲线逐渐变得陡峭。2016 年 4 月 22 日，100 多个国家齐聚联合国，见证一份全球性的气候新协议——《巴黎协定》的签署，根据协定，各国将共担责任，为把全球平均气温较工业革命前的升高控制在 2℃之内，最理想是 1.5℃之内而努力。

"听您说过，中国古代的气象预报水平很高？"我慢慢往我最想问的问题上引。宋老师告诉我，直到明中叶之前，可以说中国的天气预报水平（当然，确切地说，不是预报而是占卜）都是世界领先的。但西方在文艺复兴之后，靠数学和物理等基

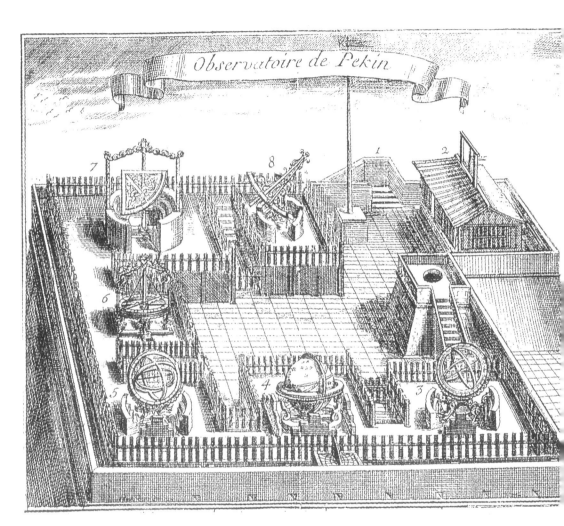

1697 年，法国耶稣会士李明（Louis Le Comte，1655~1728）绘北京古观象台。图中标注的 1 是台阶，2 是憩息室，3 是二分仪，4 是天体仪，5 是黄道浑仪，6 是地平经度仪，7 是大象限仪，8 是六分仪。

19世纪，道教天气手册中关于阴阳的绘画。画中的火为阳，云为阴。气候变化在当时被认为是导致疾病的一个重要因素。

础科学的支撑，发展出来的现代气象学超越了我们。中国古代，负责天气预报的部门，唐代叫太史局，明代叫司天监，清代叫钦天监，它们的职责可不仅是预报天气，什么天文、地理、祭祀祈祷都管，可以说是个集行政与业务于一体的职能部门，并不是单纯的学术研究机构，这也造成了没有人能完全沉下心来研究气象，何况在当时天文和气象是不分家的。但中国古人有大智慧，他们深知人来自本能的对自然的判断力差，因而特别善于借用和替代，"巢居者知风，穴居者知雨，草木知节令"，古人让鸟兽草木帮他们判断天气。比如，燕子是唯一享受皇家正式欢迎仪式的"气象预报员"，因为《逸周书》里说，燕子如果不按时来，则"妇人不娠"，即妇人很难怀孕。所以《礼记》里记载每年燕子回来的时候，皇帝都要亲自领着家眷去迎接。中国古代产生了大量气象谚语，靠总结动植物的规律性活动和变化来预测天气。直到现在还有气象爱好者靠观测动物预报天气。

比如，1969 年年初在广东普宁发生过一件事，县气象局依照农谚，捞了河里的 80 条鲫鱼，解剖后发现这些鲫鱼腹中的卵多、黏液多，因而预测当年春汛的雨量偏多，这一预测正好和上级气象台的预测相反，但事后证明鲫鱼的预测是对的。还有人专门观察蚂蚁窝的，看到蚂蚁开始筑巢就是要变天了，巢垒得越高，说明将下的雨越大，哪边的巢高，说明哪边的雨大，据说验证率非常高。

我让宋老师总结一下中国古代气象预报的先进之处和不足之处。他说，先进之处在于中国古代的气象预报里已经有科学精神的萌芽了，也就是说虽然缺乏科学能力，但不乏科学精神。比如，现今发现的甲骨文占卜残片中记录天气的有 338 块，上面记录的内容竟然分为"序、命、占、验"四部分，序是占卜背景介绍，命是提出问题，占是预报，验是验证结果，对一次天气预报的过程和最后有没有应验都记录了，特别是没应验的也记录了，这非常了不起。这种实事求是的记录精神一直延续到了后世，在明朝徐光启的《农政全书》中，总结了谚语的准确程度，分为"颇准、甚验、屡验、不验、屡不验、未验"几种，特别是把自己没去验证的记录为"未验"，非常诚实。

而对于不足之处的总结，宋老师谦虚地强调是他"个人的一家之言，不足为训"。他认为不足之处主要有三个方面：一是不量化。现代天气预报里的多少级风、多少度、多少毫米之类的凡是量化的标准都不是我们中国人的。中国古人怎样记录风力的大小？用的是"叶动""鸣条""坠叶""折枝""拔根"这些特别感性的词汇，不是用数目，而是用树木作为参照。记录自然灾害，往往是"死伤无算"，活生生的人没了，连个数字都没统计上。二是对气象的记录不连续。现代气象观测讲究有连续的动态曲线，一点也不能断。而古代的记录很随意，不一定什么时候记一笔，有的地方志，往往一年只有一个"饥"字。三是不因果。古人往往沉醉于气象事件的神奇，而不从因果去推断。归因也经常是错误的，如把某地出现自然灾害归因为地方官没有德行，导致很多地方官虚报祥瑞而不敢报灾荒。这些原因都导致我国古代的气象记录资料不完整以及没有形成完备的气象学体系。

"听您这样讲，从古代的动植物预测，到现代的科学预测，气象预报有了飞跃式的进步呀，那么如今，天气预报的准确率有多高呢？"我终于委婉地问出了我的问题。

宋老师哈哈大笑，显然他早就猜出了我的来意，毕竟从1993年3月1日走上央视荧屏播报天气开始，这20多年来应该没少被人责问准确率的问题吧。

他说准确率是个很复杂的问题，它也分几方面。首先是定性准确率。比如"未来24小时晴雨"，只要报对是晴是雨，报对有无就算准确。目前，这个定性预报的准确率在87%左右。第二是定量准确率，到底是暴雨、大雨还是中雨、小雨，我国的暴雨预报准确率只有20%，不过国际上的最高水平也只有25%。第三是时间地点，这个的难度就像你烧一壶开水，预测它沸腾的第一个水泡冒在什么位置一样，定时定点定量，非常难。我想象了一下烧一壶开水，顿时觉得报不准很正常了。

荐书

《气象学与生活》，从科学探索的角度和物理学原理出发，详细地介绍了气象学的基本概念和原理，可以作为对气象学感兴趣的人们学习了解大气变化奥秘的入门读物。

《二十四节气志》，气象先生宋英杰潜心十年诚意之作，一本结合文化、大数据、气象科学的节气百科，既传承古人时间智慧，更用现代的海量数据对节气做出验证与解读。

　　"不过现在世界各国正协同合作共同为提高天气预报的准确率而努力，各国共享数据，让对天气的监控是全天候不间断无盲点的。能预测更远期的天气也是努力的目标，基本上国际共同努力十年时间，可以多提前预报一天的天气。"十年换来一天，看来我们真是急不得啊。

　　临别，宋老师送我到电梯口，他说："我知道我们经常被老百姓骂报得不准，我们不能心有怨念，而是应当作为鞭策。当然有时候，被骂得太厉害了，我们也用美国同行的这样一句话宽慰自己：'在这个世界上只有上帝是完美的，因为上帝从来不做天气预报'。"

　　下到一楼大堂的时候，正好有一队小学生来参观，他们跟着一位美女天气预报主播，个个脸上充满了好奇与崇拜。也许因为上帝从来不做天气预报，所以我们更需要这些为我们预报天气的人吧。

July

七月

静守心中那片荷塘

　　傍晚，我总喜欢去离家很近的宣武艺园里绕湖散步。那湖很小，冬天抽干了水像个待清洁的大洗澡池子；夏天水满，靠近岸边的两丛荷花，让整片园子都生动了起来。

　　荷花在中国人心里是有特殊地位的，不单是周敦颐说的"出淤泥而不染"的洁身自好，更多的恐怕是"接天莲叶无穷碧"的荷塘带给人的与大自然连接的心灵自由感。朱自清的名篇《荷塘月色》，开篇就是"这几天心里颇不宁静。今晚在院子里坐着乘凉，忽然想起日日走过的荷塘"。我也总能在宣武艺园的那丛荷花面前平静下来，在人云亦云的纷繁世界里，一片荷塘可能是心灵退守的安居之所。

　　中国人自古就有山川湖海情结，进则入仕居于庙堂之高，退则隐逸林泉。而入仕的人，有一番作为之后，一定会治一方园林，大部分在自己家宅的后花园，散朝之后回到家中，一步就迈入"江湖之远"，所有得失成败可暂时抛至九霄云外，从

叶放先生在南石皮记。
（王硕 摄）

山石草木间得到抚慰与滋养，所以园林从来都是中国人心灵的后花园。

当代人建造的私家花园里，我最服艺术家叶放先生，我曾有幸造访他的花园——从苏州市中心灯红酒绿的十全街只需一个转身，就可以来到他的"南石皮记"，这是真正的大隐于市。在联排别墅大约600平方米的户外空间里，叶放先生叠石理水，造了一座中式古典园林。他说"在这样的园林里，山水是主角，花木是配角，亭台是点缀"。可时值7月，我满眼充斥的几乎就是那一片荷塘，仿佛叶先生费尽人力物力运来的700多吨太湖石堆叠得精妙无比的假山也不过是田田莲叶的陪衬。但其实是荷花让整座园林活了，有了荷花的妩媚，瘦硬的太湖石才成就了叶先生心目中整座园子的"高潮"。

对于这片荷塘的作用，叶先生没有多说，却给我讲了"碗莲"的故事。写《浮生六记》的沈复，和妻子芸娘的日子非常贫寒，但极有情趣。开始他们在沧浪亭边有一座小房，靠借景让沧浪亭变成了他们的园林，后来他们搬到了大石头巷，就只有一个天井。

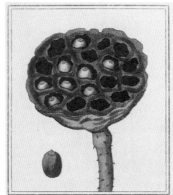

1812 年手绘荷花图谱

碗莲

可这也不妨碍他们的园林梦啊，没有池塘养荷花，他们就养了碗莲。先把莲子的两头磨尖，放入生鸡蛋中封好，然后再放在抱窝的母鸡身下去孵，等其他小鸡出壳的时候，把莲子取出，放入钵盂，加入一种叫作天门冬的中药，再加入燕窝的泥搅拌在一起，然后晒朝阳、饮甘露，这样来年就能开出灿烂的碗莲了。区区一个小碗，就能让人感受到整片池塘、整座园林，恐怕除了种荷花，别的植物都达不到这种境界。后来央视拍摄的大型纪录片《园林》，也特意选取了种碗莲的情节作为宣传片，可见在中国人心中，有了荷花便是园林。

如果没有叶放先生的条件，是不是真的可以在碗中栽种荷花呢？我辗转托人介绍，认识了北京植物园的荷花养护技术人员康晓静。她告诉我，这当然是可行的。我国盆栽荷花的历史可以追溯到 1500 多年前，之后随着盆栽技术的不断发展，人们开始尝试把荷花束缚于盆中，它的生长被抑制，形成小型植株，再经过杂交处理，最终选育出了"叶如碗口、花似酒杯"的碗莲。"叶如碗口、花似酒杯"是文字上的形容，碗莲是有明确标准的，不但要在口径 26 厘米以内的花盆中能正常开花，还必须同时具备以下三项指标：花朵平均直径不超过 12 厘米，立叶平均高度不超过 33 厘米，立叶叶片的平均直径不超过 24 厘米。这样袖珍的荷叶和我们平日印象中亭亭如盖的荷叶真是相去甚远，但依然能带给我们"水殿风来暗香满"的清凉惬意，荷花果然是一种神奇的植物。

荷花的神奇还在于它无比顽强的生命力，它甚至被称为"活化石"，是被子植物中起源最早的植物之一。据康晓静介绍，荷花最早的化石记录是早白垩纪，距今已有 1.35 亿年，第三纪时曾广布于北半球的众多水域。被描述的化石有五个属，至少有 30 个种。1.35 亿年以前，地球上比现在温暖，莲属植物约有 10~12 种，后冰期来临，全球气温下降，使得不少植物灭绝，另一些植物漂迁，莲属植物幸存两种。之所以幸存，一方面是它适应水生环境进化的结果，另一方面有赖于荷花种子的强大生命力。荷花种子即莲子，实际上是荷花的坚果。莲子堪称植物界的长寿种子，外层果皮结构精巧致密，空气和水分不易进入莲子内部，又能保证种子进行极其微弱的呼吸作用。

另外，成熟度高的种子能充分贮存所必须的内含物，其中有多种抗衰老的独特物质，在低水分、低氧的泥炭层中可以保存上千年，一旦满足发芽条件就可以萌发。1951 年，辽宁省新金县普兰店的泥炭土地层中发掘出古莲子，经过碳 14 测定，寿命达 950±80 年，1953 年该莲子在中科院北京植物园播种成活，被称为中国古代莲。

说起荷花在中国的历史，康晓静如数家珍。山东莒县出土的白陶封口鬶，是公元前 4000～5000 年黄河下游的大汶口文化的遗物，其封口处是莲蓬形态的透气筛眼，说明荷花在当时已是人们的审美对象。河南郑州大河村发现距今 5000 年历史的仰韶文化，房屋遗迹内发现碳化的莲子，说明当时的人们已经开始食用莲子。《周书》记载："鱼龙成则薮泽竭；泽竭则莲藕掘。"说明 3000 年前太湖周围的居民，挖藕为食已经很普遍。2500 年前，吴王夫差为西施在江苏吴县灵岩山的离宫修建"玩花池"，移种野生红莲，是荷花最早用于观赏的实例。

并蒂莲

绿房含朱

红狮子

重台莲

大洒锦

大舞妃

友谊牡丹莲

红舞裙

艳阳天

中山红台

"所以说，6000 年前，中国人就认识了荷花，3000 年前，开始将荷花作为食物，而栽培观赏用的荷花，至少已有 2700 年的历史。"

随着荷花品种的不断增加，荷花在园林中的地位也越来越显要，东晋时已有盆栽荷花；唐代，荷花用于庭院水景布置，在池、盆、缸中栽培观赏；明清时期，不仅荷花的栽培技艺高超，而且品种不断丰富。清代的《广群芳谱》记载了 20 个荷花品种，其中"重台莲""大洒锦""千瓣莲"三个品种一直延续至今。《巩荷谱》记载了 33 个品种并进行了大小分类。新中国成立后，以王其超、张行言为学术带头人，开始了以武汉东湖风景区为中心的荷花品种的收集工作，成效斐然。2005 年出版的《中国荷花品种图志》中，收集了 608 个品种。其后育种单位开始增多，植物园、风景区、养殖场、学校、科研院所都有培育的新品种。到 2011 年，经中国花卉协会荷花分会统计，荷花品种已达 800 个以上。

康晓静说，荷花虽然品种多，但莲属其实只有两个种，中国莲（Nelumbo nucifera）和美洲黄莲（Nelumbo lutea）。中国莲的花色由红向粉红、爪红、白色、绿色、杂色、洒锦进化。美洲黄莲主要分布在北美洲和南美洲北部，花色为深黄色，弥补了中国莲花里没有黄色的缺憾，在选育黄色品种方面发挥了巨大作用。园艺工作者培育出很多中美荷花杂交品种，如"友谊牡丹莲""红唇""蝶恋花""精彩"等，使得荷花的花色更为丰富多彩。

虽然荷花的花型非常有特色，让人能一眼就轻易认出来，但仔细品鉴，会发现它的花形是变化多端的。这种变化主要体现在瓣型上，随着自然演化和人们的选育，由原始的单瓣型向半重瓣型、重瓣型、重台型、千瓣型演化。花瓣数在 20 片以内的称为单瓣型；当雄蕊出现瓣化，花瓣数在 21 ~ 50 片的称为半重瓣型；雄蕊进一步瓣化，花瓣数在 50 片以上的称为重瓣型；在雄蕊瓣化的基础上，雌蕊也出现了瓣化，由简单的心皮突起，过渡到心皮瓣化，看起来似开出了二层花，这种花型称为重台型；在雌、雄蕊瓣化的基础上，如果花托也产生了瓣化，变态的肉质花托分成两个或两个以上的轴心，花开放时外瓣层层谢落，内层碎瓣不断增生，这种花型就是千瓣莲。

　　那么，被看作爱情象征的并蒂莲是怎样培育出来的呢？康晓静解释，这只是自然界偶尔出现的"双胞胎"现象，不是一种固定的花型。荷花的花芽在分化过程中，受到某种外界条件的影响，分成两个分生中心，于是在一枝花茎上并开两朵花。并蒂莲的出现是一种可遇而不可求的现象，在自然条件下出现的概率约为十万分之一。因为太珍贵、太美丽了，所以自古以来，并蒂莲就被中国人认为是祥瑞之兆，"一茎孤引绿，双影共分红"，多么美好！

　　除了欣赏以外，荷花还有什么用呢？吃货绝对第一时间举手抢答。莲子、莲藕、藕带都是清新出众的美味。不过康晓静告诉我，荷叶还有特殊的功用。众所周知，荷叶不会被水沾湿，表面摸上去毛茸茸的，在电子显微镜下可以看到，其上表皮的一层细胞中每个细胞都有脂质乳头突起，每个突起又由许多更小的突起组成。在凹陷部分充满着空气，这样就紧贴着叶面形成了一层只有纳米级厚的空气层。灰尘、雨水等远

康晓静，北京植物园荷花养护专家。本文荷花图片均为康晓静拍摄。

大于这种结构的物质落在叶面上后，在自身的表面张力作用下形成球状，滚落叶面，这种超疏水结构就是荷叶自洁的奥妙所在，也叫"荷花效应"，如今这种原理已经被应用到新型材料、涂料的研制中，极大地方便了人们的生活。

其实，人们在古代已经认识到了荷叶洁净干爽的特性，把它作为一种环保的包装材料，荷叶还常被用来垫蒸笼或包卤菜，别有一股清香。荷叶柄中有多个纵行通气孔洞，古人常采下带有叶柄的鲜嫩荷叶，将叶片卷成筒状，将连接荷叶与叶柄的叶鼻扎通，把叶柄弯转向上，就可以吸饮倒在叶筒里的美酒了，正是"酒味杂莲气，香冷胜于水"。苏轼也曾描述过这种饮酒法，"碧筒时作象鼻弯，白酒微带荷心苦"，别有一番情趣。

所以对于今天的人们，亲近自然也可以如此简单，如果不能拥有一片荷塘，还可以种一盆碗莲。我曾在淘宝上买过碗莲的种子，不过根本没种出来，是我技术太差还是卖家无良，不得而知。不过用荷柄饮酒、荷叶包肉，倒实在是个好主意，生活仿佛顿时雅致了许多。

用香料征服爱人的胃

大学毕业后，我的第一份工作在广州，那里加深了我的吃货特质，毕竟对于广东人来说，世界上的东西只分两种：能吃的和不能吃的。于是，当我开始关注植物之后，我认为植物也可以只分两种：能吃的和不能吃的。

在能吃的植物里，除了那些能生产主食管饱的、味道鲜美可以当作蔬果的，还有一类不可忽视，就是负责调味的香料植物。虽然它们不能大把大把地被痛快食用，但一餐饭里如果少了它们可能就真的滋味寡淡了。而香料植物往往因为特殊的味道成为"甲之蜜糖，乙之砒霜"，如香菜，每次去楼下早点铺吃豆腐脑，我都恨不得把店里的一盆香菜都加进自己碗里，而我大学时有个和我同名同姓的同班同学，刚入学时在食堂吃到了香菜，以为北京的每道菜里都会放它，差点和家里商量退学事宜。

虽然香菜很香，但我们并不管它叫香料，香料也不是中国

烹饪中的叫法，此词天生带着异域色彩。中国人把它叫作调味料，简明扼要地道出了它的使命——调理出更佳的菜肴风味，而不是要抢去食材本身的特色。

在中国传统而家常的烹饪中，最常用到的调味料也的确不是以"香"著称的，倒是辛辣味道的比较多，中国的五味"酸、甘、苦、辛、咸"里，也没有"香"，大概是因为中国的烹饪技法实在博大精深，各种味道都可以烹调出"香"的感觉来，五味杂陈的香才是更高意义上的香。无论如何，中餐里的调味料绝不简单，如果也把它们归入香料范畴的话，葱、姜、蒜、花椒、大料则是当家的法宝。

葱原产于中国，品种着实不少，大体可分为普通大葱、分葱、胡葱和楼葱几类。中餐烹饪多用大葱，按其葱白的长短，又有长葱白和短葱白之分。长葱白辣味浓厚，著名品种有辽宁盖平大葱、北京高脚白、陕西华县谷葱等；短葱白短粗而肥厚，著名品种有山东章丘鸡腿葱、河北的对叶葱等。中医自古还有"葱不离怀，百病不来"的说法。葱入药时，可以"治伤寒寒热，中风，面目浮肿，能出汗"，民间还有大葱煮水治感冒鼻塞流涕的偏方。

葱味辛辣，将之切碎和蒜末、姜末一起下到油锅中"炝锅"，顿时香味四起，即将炒制的菜肴几乎成功了一半。不过也别以为葱只能做"葱花"点缀菜肴，在经典鲁菜葱烧海参里，大葱段显然是主菜的一部分。一道上佳的葱烧海参讲究海参清鲜，柔软香滑，葱段香浓，葱味醇厚，食后无余汁。真正的老饕，会觉得里面的大葱更能体现此菜的真味。山西还有一道菜肴叫烧大葱，大葱更成了当之无愧的主角，在这道菜里，新鲜的荔枝肉竟然也成了大葱的配角，大葱吃起来咸鲜中隐隐透着酸甜，特别开胃。不过在广东和中国香港等地，不喜欢吃葱的人不少，他们在餐馆点单时会说一句"走青"，就是不要在我碗里放那些青青绿绿的东西，非常形象。我在广州最好的朋友每次点菜都叫"走青"，这恐怕是我和她的最大人生分歧了。

姜我也喜欢，它原产于印度尼西亚，我们食用的是植物的块茎。姜一切开就有香气，源于成分中的挥发油类，辣味成分则为姜辣素。姜的年龄不同，姜辣素所含比例也不同，导致生姜和干姜吃起来味道有异。生姜的效用偏重发汗、止呕和解毒，上面提到的炒菜炝锅用的就是生姜；烘干或晒干的干姜入药，能温中散寒；夏季产的子姜是姜的嫩芽，适合切丝生食。作为调味料入菜的姜，一般要切成丝状，如姜丝肉是取新姜与青红辣椒，切丝与瘦猪肉同炒而制成的菜肴，其味香辣可口。而更多的时候，生姜被切成薄片或小块，在中国人无所不能的炖、炒、煎、烧、煮中充当着除腥小能手。

中医认为姜能驱毒去邪，温热中肠，具有活血、祛寒、除湿、发汗等功能，此外还有健胃止呕、辟腥臭、消水肿之功效，故医家和民谚称"家备小姜，小病不慌"。而姜枣红糖水，则是女人"那个不痛，月月轻松"的最好伴侣了。我在广州的日子爱上了"姜撞奶"。据说它的美味就在于牛奶与姜汁的激情碰撞，甜与辣完美融合。在倒牛奶时，要将杯子提到一定高度，不要犹豫，在瞬间把杯子以特定角度倾斜，让牛奶快速倾入姜汁中，至少要在4~5秒内倒完，才能产生丝滑完美的口感。虽然用料简单，但貌似技术操作不易，我从未自己试着做过，离开广东后，也再未吃过特别美味的姜撞奶。

大蒜是秦汉时从西域传入中国的，而今已经是我们使用得最多的调味料。中国北方人甚至保持了生吃大蒜的习惯，吃面条、吃饺子不生嚼上几瓣大蒜，这顿饭还不如不吃。大蒜在调理肉类菜肴中，有去腥、解腻、增香的作用，尤其是川菜烹饪中不可缺少的调味品。大蒜也可作辅料来烹制川菜，如大蒜鲢鱼、大蒜烧鳝段、大蒜烧肥肠等。这些菜肴以用四川温江的独头蒜为佳。这种独蒜，个大质好，蒜形浑圆，皆色白实心，含有大量的蒜素，具有独特的气味和辛辣味。

从营养上来说，加热容易破坏蒜素，生食更好。因而把大蒜捣成泥状，用于蒜泥白肉、蒜泥黄瓜等凉菜也是不错的主意。中国南方人基本不接受生吃大蒜，觉得它是"臭的"。吃完蒜确实会口臭，但这怎么能抵消吃蒜时的痛快呢？西方人也不太吃大蒜，不过他们有一款著名的蒜香面包，也就足以称霸美食界了。

　　提起花椒，文化人先想到椒房，那是西汉未央宫皇后所居住的宫殿，以花椒和泥涂壁，使之温暖、芳香，并象征多子。而吃货对于花椒的感情基本可以认为是四川人培养起来的，川菜里那销魂的"麻"全靠它了，所以它还有蜀椒、川椒的别名。花椒完全独立成为川菜的一种基础味型，是一百多年前的事了。清末《成都通鉴》中有关于"椒麻鸡片"的名目。从那时起，"麻"作为一种味型，开始在四川流传。中医认为花椒温中散寒、除湿、止痛、杀虫、解鱼腥毒。在潮湿多阴的四川，吃花椒成了祖辈流传下来的健康法宝，而会吃的四川人则把花椒的调味功效发挥得无以复加。川菜里用花椒，有"先放后放，生放熟放，用面用口"的说法。"先后"是指下锅的顺序，如做红烧食品，花椒要先下锅，和辣椒、豆瓣等调料一起炒。四川饭馆里的炝炒时蔬，要将油烧热后，先下花椒粒、干辣椒炸出香味，再下蔬菜翻炒。"生"指生鲜花椒，不烘干。比如，麻辣馋嘴蛙，就要用生鲜花椒。因为蛙的肉质细嫩，只能够经受住青花椒，而干花椒的老麻味道则会破坏其口感。"面"是指花椒面，比如，做麻婆豆腐需用花椒面。豆腐很润滑柔嫩，花椒面掺入豆腐中能够迅速入味。豆腐不好单独夹起，一般都是和调味料混合着吃，如果直接用花椒，吃一口花椒，又吃块

荐书

《香料传奇》，通过香料向读者展现了一部另类的世界史，一幅奇异的西方风俗画。

豆腐，在口腔里面的反差就太大了。据说过去到成都著名的"陈麻婆豆腐"老店吃饭，顾客要自己到窗口端菜。只见红白相间的菜肴坐在热腾腾的炉子上咕嘟咕嘟地冒着热气，大师傅盛上一碗端给你以后，还要指着旁边钵子里的花椒面，说一声："要是不麻，花椒自己加！"我却不大喜欢花椒，一定先从盘子里挑出去，免得不小心吃到嘴里，那或轻或重的一麻，中断了享受美食的节奏。

大料是我国的特产，也叫大茴香、八角，具有微甜味和刺激性甘草味，烹调后有浓甜的香味。因此，无论卤、酱、烧、炖，都可以用到它。广西壮族自治区梧州市的八角产量为全国之首，被称为八角之乡。去腥添香是大料的第一功用，特别是在炖烧牛羊肉时，加入大料可以去除腥膻味，使菜肴味道更香醇。除了调味，大料还有温中理气、健胃止呕的药效，可以用于治疗呕吐、腹胀、腹痛。大料算是中国香料里颜值高的，八角的形状非常美。市场上有发现以莽草充当大料的现象。莽草中含有莽草毒素等，误食易引起中毒，其症状在食后30分钟内表现，轻者恶心呕吐，严重者可致死亡。分辨二者并不难，首先数它的荚角，真大料荚角一般为8只，也有7只、9只的。而莽草的荚角多至11～12只。再看果形，真大料果肥大，角尖平直，籽粒肥满光色明亮，而莽草角形细长，角尖上翘，呈弯钩状，瘦小无光。真大料有自己特殊的芳香味，而假大料气味似花露水或樟脑，口咬味苦，嘴感麻木。要想不吃到赝品，一定别忘了数数它的角。

对于中国人来说，葱、姜、蒜、花椒、大料毕竟太普通了，还有没有什么更特别一点的香料，能带来不一样的刺激呢？

奥托手绘八角

就拿肉桂来说吧，中国人习惯称之为桂皮，是最早被人类使用的香料之一。全世界的肉桂树有上百种，其中两种居领导地位且甚具商业价值的是锡兰肉桂和中国肉桂。锡兰肉桂比较软甜、风味绝佳，桂皮呈浅棕色而且比较薄。中国肉桂香味比较刺激，桂皮较肥厚，颜色较深，芳香也较前者略逊一筹。有植物学家考证，在吴刚伐桂的神话故事里，那棵桂既不是桂花也不是月桂，而是肉桂。因为它高大又"耐砍"——只要不伤及根系，加上良好的除草追肥，很快就会有新的枝干蓬勃而出——和神话里吴刚砍不倒的那棵桂树如出一辙。古人把肉桂的树皮或树枝放进酒里，称为桂酒。还有一件很有趣的事情是，肉桂还是可口可乐的主要香料。对于肉桂饮料的喜爱真是世界大同啊！

肉豆蔻，中国人称之为肉蔻，是一味中药材。有温中、下气、消食、固肠的功效。能治心腹胀痛、虚泻冷痢、呕吐、宿食不消。肉豆蔻实际上来自一种热带常绿乔木，是其果实中央的核仁部分，散发着甘甜而刺激的芳香，口味微苦涩。中国人一般用肉蔻炖肉，可以很大程度上提鲜增香。整颗肉豆蔻用擦子擦碎后，是汉堡等绞肉食品常用的调味料，也适合于西式糕点。覆盖在肉豆蔻黑色外壳上的深红色网状假种皮，也就是豆蔻皮，有些地方的人习惯专门剥下来单独使用。经日晒后的豆蔻皮比肉豆蔻的香味要清淡许多，常用于香肠、甜甜圈等食物当中。肉豆蔻的果实长得有点"污"，因而有人说写下"豆蔻梢头二月初"的杜牧很下流啊，其实杜牧被冤枉了，他诗里指的是草豆蔻，花朵白中透粉，确实像羞涩的少女。草豆蔻是一种中药，并不作为香料使用。

提到芥末，人们马上会想到日本料理。其实，芥末在中餐中也有惊艳表现，但值得一提的是，中餐用的芥末和日餐用的芥末并不相同。中餐用的黄芥末是芥菜的种子研磨而成，而日餐的绿芥末（青芥辣）则是由山葵的根部磨成泥制成的，呈绿色，其辛辣气味强于黄芥末，且有一种独特的香气。说到中餐中对芥末的运用，首屈一指的要数老北京名菜芥末墩儿，它也是满人年夜宴席的"四凉"之首。《闾巷话蔬食》中记载：旧时北京有个小报介绍此菜，说其"上能启文雅之士美兴，下能济苦穷人民困危"，其作者还在致美斋单间里看到过张大千画的梅花册页，上面配有酒壶和芥末墩儿，并提有"谁言君俗气，梅花老酒伴君游"。想来张大居士虽为蜀人，但对芥末也是情有独钟。老北京失传的菜肴很多，但这道菜却一直流传到今天，除了好吃之外，也和它是真正的百姓菜有关，它的主食材是北方随处可见的大白菜，小小的芥末把普通的大白菜变成人们世代相传的美味，也足见香料在烹饪中的功劳了。

说起香料大国来，人们是不会和中国画上等号的，那些奇妙的芳香对于中国人来说就是"异域"的代名词。自然，香料植物在中东、东南亚等地区的地位和在中国也不可同日而语。

香茅是禾本科香茅属约55种芳香性植物的统称，亦称为香茅草，为常见的香草之一。因有柠檬香气，故又被称为柠檬草。泰国菜里特殊的芳香多源于香茅、辣椒和新鲜元茜的组合。香茅原产于东南亚，现在南美洲、北美洲、澳洲、非洲等地都有种植，叶片幼长，形似韭菜，叶干由嫩叶片层层包裹，带有柠檬及柑橘的清香。因而加入香茅草的菜肴，有一股清新的柠檬香气，令人胃口大开。新鲜的香茅可用来烹煮，在使用香茅

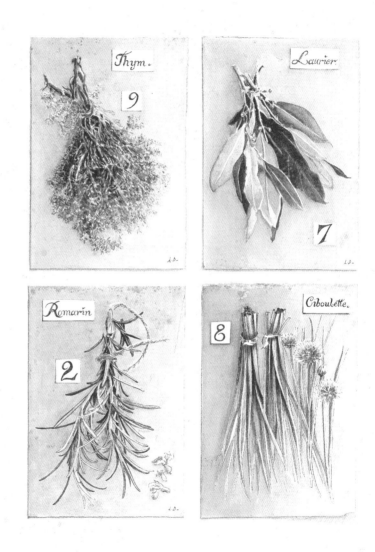

图中香料依次为百里香、月桂、迷迭香、小葱。

前，将根部切除及剥去叶的外皮，让叶片散发香味，亦可将茎部放入水中煲出叶香。香茅在东南亚是一种普遍的烹饪香料，一般将整条或切片放进清汤里，或与其他香料一起搅碎成糊后用来焖食物。而香茅的根还可以泡水喝，著名的广东糖水茅根竹蔗水就是最好的例证。

西式菜肴还有一种运用更广泛的香料——罗勒，台湾同胞也叫它九层塔，也有说九层塔是罗勒中风味较辛香的品种。罗勒原产于西亚及印度，早在希腊、罗马时代罗勒就被奉为尊贵的"香草之王"；印度人更将罗勒视为神圣的香草，是献给神明的珍贵祭品。大致来说，罗勒具有强身健胃、促进消化及驱风解热的功效，在料理上的应用非常广泛，搭配任何食材都不突兀，罗勒与番茄尤其对味，意大利人将它们视为天作之合，凡沙拉、比萨、意大利面中都少不了罗勒及番茄；此外，在泰国及越南料理中，罗勒也扮演着不可或缺的重要角色。由于罗勒加热后容易氧化，且风味会变淡，所以必须在短时间内烹煮完成。吃完正餐后喝一杯清爽的罗勒茶可以去除口中的油腻感；若用较浓醇的罗勒茶漱口，则可有效消除口腔炎的症状。

说到异域香料，不能不提咖喱，它源于印度，咖喱在印度语里就是"把许多香科混合在一起煮"的意思，有可能是由数种甚至数十种香料所组成，市场里出售的咖喱粉通常由20~30种香辛料，包括红辣椒、姜、丁香、肉桂、茴香、小茴香、肉豆蔻、戎芦巴、芥末、鼠尾草、黑胡椒及黄姜，等等。随着印度成为英国的殖民地，咖喱芳香辛辣的特殊味道流传至世界各国。各国人根据自己的口味而成就了不同于印度咖喱的风味。

其实中国人也有自己的"咖喱"——五香粉。它是由五种

或五种以上的香料调配而成，味道极香。最常见的五香粉基本
材料有花椒、八角、丁香、小茴香、沙姜、桂皮、甘草、陈皮、
胡椒等，各家调制的配方不同，有些甚至针对烹煮的食物特性
而有不同的配制方式。通常红烧或卤煮都少不了它，似乎只要
在食物中加了五香粉，中国味儿就变浓了。可是我特别讨厌五
香粉的味道，以至于在外面吃饺子从来不敢点大白菜馅儿的，
因为被加入五香粉的概率很高。

丁香

August

八月

来自星星的礼物

有一次朋友聚会，大家在聊最喜欢的韩国男艺人，我这么多年只看过一部《来自星星的你》，便说："我也想要个来自星星的大帅哥。"朋友说："我们家就有个来自星星的帅哥！"一看照片，是块小小的黑乎乎的陨石。上次去找张超看雪花的时候我好像在他的办公室里见到过这东西，当时没留意，现在忽然来了兴趣，便决定再次去骚扰张超。

国家天文台，张超的办公室里依旧又满又乱。他对我的来访很高兴："你终于问到我的本职工作了，陨石就是我做天文学科普工作的教具。"由于这次的关注点不同，我一下子就看到了他的宝贝"教具"们——那些假如不小心丢在路边都没人注意的小颗粒。张超把它们装在透明的塑料盒或展示架里，装了满满一柜子。这些陨石大多是张超从国内外知名收藏家手里淘的，圈子混久了对行情知根知底，不会买到假货，不少陨石都自带身份证书。张超把陨石从盒子里拿出来对着灯光给我看，拿得小心翼翼，像易碎的珠宝，毕竟贵的能达到几千元一克。他说陨石其实不适合把玩，不少里面含有金属成分，会生锈的。我问他最喜欢哪块儿，他看来看去也没说话，目光不离一柜子陨石，显然都是真爱。

张超于 2013 年开始收藏陨石，他说自己其实不能算典型的收藏，因为真正的陨石收藏家为了交易和升值，会选择那些市场上好流通的品种。比如，可以做成首饰的橄榄陨铁什么的，或者形体大的。而张超主要是科普教学目的，为了让人看清陨石内部的成分构造，他会让卖家帮他把陨石切片，有些甚至切成可透光的极薄的薄片，用偏振光显微镜观察其细节构造。当然，这样也可以减轻克数，降低价格。"我需要的是尽可能多地收

张超手中的陨石形态分别代表了陨石两个特别重要的特征：气印（左）、定向（右）。
（张成龙 摄）

集陨石的不同品种，每种里都收那种特别典型的，
适合教学阐释清楚的。这些陨石片可能不适合二次
交易，我的理想就是有一天把它们做成博物馆，让
更多的人知道陨石里面究竟有什么。现在大概收了
几十种了。我也偶尔收一些橄榄陨铁，把它们做成
首饰很好看，但这不是我的主要方向，我还没精力
倒腾这些。"

张超告诉我，陨石主要根据成分被分成三大
类：石陨石（主要成分是硅酸盐）、铁陨石（铁
镍合金）和石铁陨石（铁和硅酸盐混合物）。还
可以进一步根据形状、纹理再细分小类，那就太
多了。一般人们说的火星陨石、月球陨石等，是
更为细节的分类。人们还会提到一种玻璃陨石，
它比较特殊，为半透明的玻璃质体，有微弱磁性，
颜色为墨绿色、绿色、淡绿色、棕色、褐色、深
褐色。如今科学家们认为玻璃陨石其实不是陨石，
它是地球上的物质，是巨大的陨石撞击地球，使
地球表面物质熔融，溅射到空中冷却而成的。所
以玻璃陨石并非陨石，而是实实在在的地球物质。

张超给我看适合做成首饰的橄榄陨铁，晶莹
剔透中又有美妙的纹路，这果然是来自星星的奇
妙礼物吗？张超说，太阳系里的各种星体，在运
行的过程中不断发生摩擦、撞击，一些会被撞出
轨道，一些会被撞出碎块，奔向其他星球，其中
落到地球上的就叫作陨石。它们的确都是从星星

上来的，属于星星的一部分，是石质的、金属质的或是石与金属的混合物质。目前知道的陨石大部分来自火星和木星间的小行星带，小部分来自月球和火星、水星等。陨石也是未燃尽的流星，那些被撞出轨道的行星或者碎块在进入大气层时，会因摩擦发出光热，就是我们看到的流星，流星进入大气层时摩擦的高温、高压与内部不平衡，便易发生爆炸燃烧，没有被烧干净的流星落到地球上，就成了陨石。不过流星雨除外，因为形成流星雨的根本原因是彗星在轨道上的遗洒物质，而彗星主要由冰和尘埃组成，所以它也不可能落到地球上成为陨石。

我幻想了一下陨石从天而降砸人的场景，不过张超说我的担心是多余的。科学研究表明我们的地球每天都要接受五万吨这样的"礼物"。它们大多数在距地面 10~40 公里的高空就已燃尽。流星体在大气层中碎裂，有可能形成陨石雨，落下的陨石从几颗到几千颗都有可能。这些陨石雨坠落的区域被称为散布区，通常是椭圆的形状，长轴的方向与流星飞行的方向平行。在大多数情况下，在陨石雨中最大的陨石会坠落在散布区最远的距离。自现代有记录以来，陨石也有很小的概率砸中人畜，但鲜有人类伤亡。但 2016 年年初，印度韦洛尔地区一所学校内有一辆汽车被陨石砸中，伤及三人，司机不幸遇难。爆炸致使校园内建筑物的一些窗户玻璃破损，而且地面出现一个坑，深度和直径都为一米左右。调查人员在现场发现一块陨石，长约两厘米、质量约 50 克。据《国际彗星季刊》杂志的记录，上一次同类事件发生在 1825 年。《印度斯坦时报》报道，1911 年，埃及发生一条狗遭陨石砸死事件；1992 年，乌干达一名男孩遭陨石砸伤。这次是印度有明确记录以来的第一次陨

陨石在偏振光显微镜下的截面美丽异常，分别为：球粒陨（左）、陨铁（右上）碳质
球粒陨石 Cr2（右下）。（本文陨石图片均为张超拍摄）

石坠落致人受伤事件。

　　"太空无垠，天上会源源不断掉下来陨石，它有升值空间吗？"我想摸摸那些陨石，又怕把它们摸生锈了，顿时觉得手没地方放，很纠结。张超说："陨石的确不像有些东西是不可再生资源，不过刚才也说了，绝大多数都不到地面，到了地面的也不一定能被人找到，所以总的数量还是很少的。另外，它是不能主动获得的资源，一切要'听天由命'。产量多一些，就便宜一些，如普通球粒陨石价格相对亲民，一些产量大的陨铁品种也物美价廉，而月球陨石、火星陨石、水星陨石这些都非常稀有，品相好的就更稀有。总体来说，陨石类收藏这些年来一直是持续升值的状态。真正懂的人，做陨石收藏是一种非常好的投资途径。"

　　收藏陨石，至少先要保证是真的陨石，南京的紫金山天文台、北京天文馆等机构都有陨石鉴定的工作，不过如果你拿去鉴定的是真陨石，是要留下一部分给他们作为科研用的。张超还提醒千万不要去珠宝城这样的地方鉴定，水分很大。因为真正的鉴定就必须用专业的仪器，都是上百万的造价，一般科研单位也没有，更不要提珠宝城和私人了。但是，张超愿意分享给大家一些他判别陨石的个人经验，陨石都有一些固定的特征，要多看、多摸、多实践才能掌握这些特征。

　　首先，有些陨石是有外表熔壳的。陨石在陨落地面以前要穿越稠密的大气层，在降落过程中与大气发生摩擦产生高温，使其表面发生熔融而形成一层薄薄的熔壳。因此，新降落的陨石表面都有一层黑色的熔壳，厚度约为一毫米。形象一点说吧，样子就像梦龙雪糕外面那层巧克力壳。由于陨石与大气流之间的相互作用，陨石表面还会留下许多气印，就像手指按下的手印。但只有一部分陨石有熔壳和气印，不能说没有的就不是陨石。大部分陨石是球粒陨石，这些陨石中有大量一毫米大小的硅酸盐球体，称作球粒。在球粒陨石的新鲜断裂面上能看到圆形的球粒。这是辨认石陨石的一个重要标记。

铁陨石则要看金属纹路。在铁陨石上切割一个断面，磨光后，用5%的硝酸酒精侵蚀，光亮的断面会呈现出特殊的条纹，像花格子一样。这是因为铁陨石本身成分分布不均匀，有的地方含镍量多些，有的地方少些。含镍量多的部分，化学性质稳定，不易被酸腐蚀，而含镍量少的部分受酸腐蚀后，变得粗糙无光泽，于是亮的和暗的部分就组成了像花格子一样的条纹。除极少数含镍量较多的陨石外，都会出现这些条纹，这是辨认铁陨石的一个主要方法。而大多数陨石含有铁，所以95%的陨石都能被磁铁吸住。此外，铁陨石的比重为8g/cm^3，远远大于地球上一般岩石的比重。球粒陨石中的H族以及一些门类，由于含有金属颗粒，其比重也较重。

我听完很绝望，觉得我完全无法掌握这门技术，张超说："那就对了！在绝大多数情况下，要肯定一块石头是陨石，光靠眼看手摸是不够的，光靠照片也不够，靠手机拍的照片就更不够了。所以送专业机构鉴定才是正解。"

张超从柜子中拿出一小块铁陨石送给我，在阳光下反射着奇异的光泽，它是来自遥远的太空里哪个星球的礼物呢？宇宙那么大，这么一个小小的碎片能因缘际会地来到我手中，想想还真有点甜蜜。

"花艺魔术师" 曹雪的花艺作品。（张成龙 摄）

用一枝鲜花说爱你

休息日里，我往往会去花卉批发市场买上几束鲜花，回家慢慢自己搭配。有时候用瓷碗与剑山，寥寥几枝，营造日式的佗寂；更多的时候打成鲜艳饱满的西式花束，插于清水玻璃瓶中，在书桌上的阳光下开成不凋谢的春天。我常说，如果要给我送礼就送鲜花吧，不过太普通的鲜花很难满足我，倘若是掉着银粉的蓝色妖姬就更别怪我翻脸不认人了。

送我鲜切的芍药我是最乐意的，色彩与形态都刚刚好。"维士与女，伊其相谑，赠之以勺药。"《诗经·郑风·溱洧》里，三月上巳日，郑国男女到溱洧二水的岸边欢聚，彼此互相赠送芍药花，这可能是中国关于将鲜花作为礼物的最早记载了。不过当时的芍药一定是青年男女们在野外随手采摘来的，因为在古代，比起农作物来，花卉的栽培处于弱势地位。直到北魏，《齐民要术》的序言中还在说："花草之流，可取悦目，徒有春花，而无秋实，匹诸浮伪，盖不足存。"——除了好看，并没有什么实际用途——

这是花卉栽培长时期不被列入农书记述范围的重要原因。

　　真的没什么用途吗？首先文人和士大夫阶层是不答应的。在感知鲜花的美丽之余，他们更愿意为鲜花赋予文化上的含义，所谓托物言志，鲜花首当其冲。孔子曾感叹兰花摇曳于荒草之中，"譬犹贤者不逢时"，屈原则是在《离骚》中以兰蕙自喻。到了五代时期，张翊干脆在他的《花经》中把 70 多种花分成九品，毫不掩饰自己的好恶，当然这也代表了当时文人对花的特定审美趣味和价值判断。在《花经》里，兰花依然稳稳地位居一品，同入一品的还有牡丹、蜡梅、荼蘼、紫风流（即瑞香）；芍药排到了三品；牵牛、木槿、葵花之类被归为了九品，但没入品的花就更多了。正因为鲜花被人为地分为了三六九等，所以发展出了将其作为礼物赠送的特性，并一直延续到今天。

　　值得一提的是，从古至今人们互赠的鲜花多为从花树上折下的一枝、一朵，而并非连根带盆地赠送，这种采摘下来的鲜花，在现代称为"鲜切花"，已经形成了一个庞大的产业。大概因为鲜花容易凋谢，剪切下来离开母体之后这种凋谢过程就越发迅速，所以鲜切花就显得更为珍贵——显得珍贵，这当然也是作为礼物的要素之一。

　　"折梅逢驿使，寄与陇头人。江南无所有，聊赠一枝春。"北魏官员陆凯采摘了一枝梅花，恰好遇见了送信的驿使，便托他捎给了在南朝为官的朋友范晔君。陆凯并非诗人，却因为这短短二十字诗史留名，大概是因为千里遥寄一枝鲜花这样风雅又深情的事感动了一代又一代人吧！而收花者范晔，作为著有《后汉书》的著名文学家，显然不会唐突了这枝梅花，定会选一件合适的容器，盛上清水细心供养，以期"春天"能尽可能

明宣宗朱瞻基《壶中富贵图》

清·郎世宁《瓶花图》

宋·李嵩《花篮图》

地延续。

　　有了无根的鲜切花，插花这种艺术形式的诞生可谓顺理成章。秦汉时期，中国传统插花的雏形已经初步体现。河北望都东汉古墓墓道壁画中绘有一个陶质圆盆，盆内均匀地插着六枝小红花并置于方形几架上，花材、容器、几架三位一体，这也是迄今为止所发现的唯一的早期中国插花的记载。

　　在陆凯和范晔所处的南北朝时期，佛教盛行，插花主要被用于佛前供花。《南史·晋安王子懋传》中记载："有献莲华供佛者，众僧以铜罂盛水，渍其茎，欲华不萎。以花献佛，祈求医病，霍然痊愈。"当时佛前供花主要是荷花与柳枝，可见范晔得到一枝梅花并插起来还是十分别出心裁的。

到了隋唐，插花开始在宫廷中盛行，这种自上而下的推广，让插花得以真正地发展。罗虬的《花九锡》中讲了与插花相关的九种事物："重顶帏（障风）、金错刀（裁剪）、甘泉（浸）、玉缸（贮）、雕文台座（安置）、画图、翻曲、美醑（欣赏）、新诗（咏）。"不但对插花的工具、场所、方法等有了规定，还要画画、谱曲、咏诗，再边赏花边饮美酒，才能算一套完整的插花程序，这种强调仪式感的插花方式后来被传入日本演变成了花道，并进一步发扬光大。

而在中国，插花经历了五代十国文人主导的追求自然情趣时期，宋代的注重构思和理性意念的极盛时期，元代的以祈求安定、平和、自由愿望的"心象花"时期，到了明代又迎来了一轮鼎盛时期。特别是明代晚期，中国插花理论日臻完善成熟，诞生了不少有影响力的插花艺术专著，如袁宏道的《瓶史》，从构图、采花、保养、品第、花器、配置、环境、修养、欣赏、花性等诸多方面，对插花艺术作了系统全面的论述。此外，还有张谦德的《瓶花谱》、高濂的《遵生八笺·燕闲清赏》、何仙郎的《花案》等，花材的选择、处理艺术、保养方法、插花风格、品赏情趣等一应俱全。但是清代300年，插花艺术逐渐不受重视，始终处于一个下坡时期，及至近代愈加衰落。

如今，比起在一小部分人中流行的中式插花和日式花道，传自欧美的西式花束更为大众所接受和喜爱。一方面它更容易被作为礼物赠送，另一方面它可以随意地插泡在各种容器之中，形式上与现代家居环境更为协调，此外，很可能源于现代商业为鲜花赋予的意义，如玫瑰代表爱情，康乃馨代表母爱，百合象征百年好合……它们各自的意义与各种节日捆绑在一起，成了一种非常成功的商业载体。因而鲜切花也形成了完整的产业链，其中，鲜切花产量连续 23 年位居全国第一的云南，在 2016 年的鲜切花产量高达 100.6 亿枝，数量上超过荷兰，能够为全世界每人送上 1.4 枝鲜花。不过这 100.6 亿枝的产值为 68.6 亿元人民币，比起荷兰的 90 多亿欧元，差距巨大。

同样差距较大的还有现今国人对于鲜花的审美水平，以及花礼市场的发展水平。近年来，每到情人节、母亲节、七夕节这类节日，市场的鲜花花束就会供不应求，价格甚至会翻上几倍，然而节假日过后，总会看到一些公众号发文总结那些"看到就想分手"的花束——假花质感百分之百的蓝色妖姬、粉色纸包装的红玫瑰夹杂着满天星或者黄莺的艳俗花束、已经蔫头耷脑的花束，这些无论是送给谁都不合适的。还有一些也许花束本身没问题，却送错了对象，能让妈妈笑开颜的康乃馨花束送给女朋友，只能让她觉得你是在讽刺我老了吗？能哄小女生开心的夹杂着粗糙的小熊玩偶的花束，却只能让成熟女白领觉得你品位低劣。有一位因为送了小熊花束而惹得文艺女友脸黑了一个星期的 IT 男说："我知道它好像不太好看，可是我也不知道好看的啥样，到哪儿去买，我们家附近的小花店里都这样。"他说的基本是实情，在中国稍微大点的城市里，走几条街还是能遇到一两个小花店的，但花材永远单调，玫瑰、百合、康乃馨、小菊，如果还有郁金香和紫罗兰简直要谢天谢地了。这也是现阶段供求双方市场平衡的结果，玫瑰、百合、康乃馨、小菊等几种花材，价格便宜，花期长，好养护，小花店即使一时半会儿卖不掉，也不会那么快就砸在手里，倘若进了绣球这样娇气的花，芍药这样速开速谢的花，或者帝王、公主这样昂贵的花，从生意上来说是风险极大的，小本经营的花店得多有情怀才能去冒这个风险？或者说只有情怀做这件事却没强大资金支持的小花店早已经倒闭了。

好在这些状况近年来正在逐步改善，"诗集生活馆""花点时间""花加"等每周一花的鲜花宅配服务，正在有意识地培养人们对鲜花需求的黏性，让人们习惯每周都收到新的鲜花，生活里时时有花陪伴，而它们的成功运作，无一不依赖背后资本市场的支撑。从"故事订花"起家的野兽派，曾提高很多人对鲜花花礼的品位，如今他们已转型成为"艺术生活品牌"，很大一块盈利点放在了家居、美妆等产品的销售上。依然在经营的花礼部分，直接瞄准高端市场，和倡导一生只能为一个人买花的 roseonly 一样，从价格上就屏蔽掉了很多人。

其实，与其等待别人送一束并不合心意的花束，不如自己学习一些鲜花搭配的技巧。花艺设计看起来高大上，但如果能通晓一些方便法门，还是完全可以掌握的。为了找到这样的方便法门，我专程去拜访了有"花艺界的魔术师"之称的中国知名花艺师曹雪。从打造明星云集的花艺工作室转战植物生活美学 APP 的曹雪说："我的目标是要让更多的人去看到花的美，去长久地享用，使产品生活化和时尚化，否则努力是没有意义的，无法体现出你的社会价值。生而在世，不能孤芳自赏。"

不能孤芳自赏，要让鲜花开遍生活的每一个角落。在曹雪的互联网公司里，依旧保留着一间里外套间的工作室，外间是巨大的操作台，里间是储藏室，为鲜花控温控湿。曹雪把鲜花从冷藏柜中拿出来放在操作台上，屋里瞬间变成了大花园。他边熟练地修剪着花材边和我聊着鲜花的"秘密"。

针垫花

绣球花

鼠尾草

珍珠梅

海芋

公主花

花艺设计：曹雪
手绘：凌云

　　他说，现在中国人对鲜花的认识还比较局限，因为一般市场上常见的品种不多，但中国市场常规鲜切花储备有约 500 种，而荷兰鲜切花市场储备约 5000 种。他自己常用的花材有 200 种左右，前后使用过的花材达千种之多。虽然街边小花店都是玫瑰、百合、康乃馨老三样，但如果去大一点的鲜花批发市场，还是有机会买到很多品种的鲜切花的。比如，北京的星火路花卉市场，上海的曹家渡花卉市场，深圳的花卉世界，在这些国内主要的鲜花集散地，除来自云南花田的鲜花外，还有非常多的进口花卉可供选择，对于普通消费者来说，遇到从未见过的品种也是常有的事。而至于选择买什么鲜花，曹雪则认为，首先应该考虑文化上的忌讳，如黄菊、白菊多用于祭祀用花，送给生者显然是不合适的；红玫瑰有太强的示爱含义，如果不是为了这个用途，异性之间就不要送这个，以免引起误会。

　　他还特别提到要注意一些鲜切花材品种是有毒的，我立即跟他说我被高山积雪的白色汁液弄得眼睛肿成一条缝儿的经历，还有处理大蓟小蓟的时候被扎得不时惨叫。曹雪听得呵呵呵笑，没受过伤哪能当花艺师呢。

　　我自认为对鲜花的搭配还是有一定品位的，这源于我看得多，买得多。曹雪说，这确实是一个循序渐进的过程，只要多尝试就会有进步。比如，多买一些品种混搭，逐渐培养自己对色和形的把控能力。夏天可以选择清雅的颜色，使居室空间因为这束花而清凉，冬天可以选择热烈一点的颜色，让环境也变得温暖。至于怎么让鲜花保鲜，各种网上的攻略也讲得很多了，曹雪特别强调的是，不要相信用了"可利鲜"之类的添加剂就可以不换水了，照顾鲜切花一定不能偷懒，因为随着花的新陈代谢，每天都会从花茎里排出一些废物，所以每天换水是必要的。另外，不要把花放在阳光照射得到的地方，也不要放在空调口下方，有条件的话保持 25℃左右的温度是最好的。处理花材的时候，用一把锋利的小刀比用剪刀好，因为剪刀会挤压刀口附近的组织，影响吸水。

至于怎么能跟鲜花更好地愉快玩耍，曹雪给出了多种解决方案。除做成花束和插放于各种花器中外，把鲜花吊起晾干制成干花也是较流行的做法，色泽浅淡、线条感明朗的干花非常有文艺气质，也是家居的好装饰。对于花毛茛这类花头重易掉头的花，不如把花头剪下来，放置在一盘清水中漂浮，唯美浪漫。除鲜切花束外，还可以尝试用多种蔬菜组合成蔬菜花束，绿色的叶菜，金黄的胡萝卜，红色的苋菜，紫色的甘蓝等，扎在一起就是美丽多彩的花束，而且又好看又好吃，可以装置在自己的厨房里，也可以在去朋友家做客的时候当作伴手礼，比送一束鲜花更有新意。如今，中国风在花艺圈越来越受重视，把苔藓和鲜切花结合在一起的花艺更具有中国文化中幽雅深沉的意境。而各种植物的家庭软装正逐渐流行，现代人越是忙碌就越想要得到可以亲近自然放松自己的空间，鲜花和植物无疑成了人们最易得的精神寄托。

临走时，曹雪亲手扎了一束鲜花送我，大朵盛开的蓝色、粉色绣球，骄傲的公主花，小清新的鼠尾草，点缀洁白秀气的珍珠梅。我满怀满捧地抱着坐地铁，收获百分百回头率——每个人对美的热爱都是一样的。

曹雪，中国著名花艺师，花田小憩植物生活美学平台创始人。

September

九 月

把热带雨林请进家门

一入秋，我最怕早上起床拉开窗帘看见外面灰蒙蒙的天空。每当雾霾发作，我就好想逃离北京，逃离满街戴着口罩的人群。可是，逃到哪里去呢？"热带雨林"这四个字不知道怎么忽然出现在我的脑海里。然后，我就赶紧收拾书包……当然是乖乖地上班去了。

虽然亚马孙离我如此遥远，但是我听说北京植物园里有个"热带雨林第一缸"，便和植物园约好去拜访它的设计制作者牛夏。

探访热带雨林第一缸之前，让我们先来认识一下热带雨林吧。毕竟大多数中国人对它都十分陌生。热带雨林是指赤道附近热带地区的森林生态系统，主要分布于东南亚、澳大利亚北部、南美洲亚马孙河流域、非洲刚果河流域、中美洲和众多太平洋岛屿。热带雨林是地球上抵抗力稳定性最高的生物群落，长年气候炎热，雨量充沛，季节差异极不明显，生物群落演替速度极快，是世界上大于一半的动植物物种的栖息地。由于众多雨林植物的光合作用净化地球空气的能力尤为强大，其中仅亚马孙热带雨林产生的氧气就占全球氧气总量的三分之一，故有"地球之肺"的美誉。

　　中国由于地理原因，热带雨林主要分布在台湾省南部、海南岛、云南南部河口和西双版纳地区。此外，西藏自治区墨脱县境内也有分布，这是世界热带雨林分布的最北边界，位于北纬29°附近，云南省西双版纳和海南岛的热带雨林更为典型。由于中国的热带雨林资源十分有限，因此人们对它的了解也十分有限，如果能真正去热带雨林中旅行探险，一定会被它独特的自然景观所震撼。

　　热带雨林中植物种类繁多，其中乔木具有多层结构：上层乔木高过30米，多为典型的热带常绿树和落叶阔叶树。因为天气长期温热，雨量高，所以植物能持续生长，因而热带雨林中的树木给人的第一印象就是高大茂密且常绿。树木多为双子叶植物，具有厚的革质叶和较浅的根系。雨林中的次冠层植物由小乔木、藤本植物和附生植物如兰科、凤梨科及蕨类植物组成，部分植物为附生，缠绕在寄生的树干上，其他植物仅以树木作为支撑物。雨林地表面被树枝和落叶所覆盖。当然，雨林内的地面并不如传说中那样不可通行，多数地面除薄薄的腐殖土层和落叶外是光裸的。雨林中，木质藤本植物随处可见，有的粗达20～30厘米，长度可达300米，沿着树干、枝丫，从一棵树爬到另外一棵树，从树下爬到树顶，又从树顶倒挂下来，交错缠绕，好像一道道稠密的网。附生植物如藻类、苔藓、地衣、蕨类以及兰科植物，附着在乔木、灌木或藤本植物的树

波士顿蕨　　　　　　　　　　　　　　　　　　　　　　　彩叶凤梨

树猴

石松

北京植物园里的"热带雨林第一缸"。
（本文图片均为张成龙拍摄）

姬凤梨

干和枝丫上，就像披上了一厚厚的绿衣，有的还开着各种艳丽的花朵，有的甚至附生在叶片上，形成"树上生树""叶上长草"的奇妙景观。有些种类的树干基部常会长出形态各异的板状根，从树干的基部 2 ~ 3 米处伸出，呈放射状向下扩展。有些则生长着许多发达的气根，这些气根从树干上悬垂下来，扎进土中后，还继续增粗，形成了许许多多的"树干"，大有一木成林的气势，非常壮观。有些种类的树如波罗蜜、可可等，在老树树干或根茎处也能开花结果，成为热带雨林中特有的老茎生花现象。

雨林中的动物极为繁多，但以小型、树栖动物为主。另一特点就是种类多而单种个体较少。尤其是雨林中的昆虫，找到一百种昆虫比找到同种昆虫一百只容易得多。科学家们相信，至今有很多雨林昆虫未被人们认知。热带雨林是全球最大的生物基因库，也是碳素生物循环转化和储存的巨大活动库。它的盛衰消长不仅是地表自然环境变迁的反映，而且直接影响着全球环境、特别是人类的生存条件。雨林的保护已成为当前最紧迫的生态问题之一。

在北京植物园的温室，我见到了热带雨林第一缸的设计建造者牛夏，惊讶地发现她是位女性，我原本以为这么"极客"的事必是男士所为。牛夏个子小小的，打扮得很中性，说起话来特别直率，一再跟我强调这不是什么"第一缸"，只是他们做的一次探索尝试。她带我看雨林缸的时候，不断有游客兴奋地站在缸前拍照及合影留念，赞叹声也不觉于耳。牛夏却说："没什么好拍的，离我想做的还差得远。"雨林缸前的一个标牌显示：这个长 8.5 米、高 3 米、深 2.5 米的热带雨林缸中，栽种着 16 科、54 属、76 种、6000 多株植物，即便仅从数字上来说，这个"第一"也是当之无愧的。

我本来想和牛夏坐下来慢慢聊，没想到她站在缸前就连珠炮似的开始说起来，而且语速极快，我只好忙不迭地记录。

在北京植物园热带温室工作的牛夏，最初有了建缸的想法是因为得知厦门某商场里有一面宽 2 米的热带雨林墙非常受欢迎，她便想用自己的专业知识建一个更大的雨林缸。但一开始就遇到了经费没有出处的问题，牛夏并没有打退堂鼓，靠着对植物的了解和在业内积累的人脉，她觉得一切只要想办法都能解决。

妥协是有的，如最初的想法是造一个封闭式水陆两栖缸，缸高 4 米，水体高 1.2 米。因为造价问题，及时调整为用大温室原来废弃的观赏鱼缸改建成一个开放式陆缸。从 2016 年 7 月中旬开工，到十一国庆开缸，只花了两个半月，时间超越了很多小体量雨林缸。

牛夏，北京植物园热带雨林缸建造者。

牛夏强调，和一般玩家做的以观赏为主要目的的雨林缸不同，她的这个雨林缸把重点放在了搭建一个完整的雨林生态系统上。这种自洽的生态系统是不需要人为干预和维护的，它像真正的热带雨林一样可以自己生长和发展。目前看来，这个缸做到了这一点，半年多过去了，牛夏基本只进去过一两次，清理了少量喷淋喷不到的死角中干枯的植物，绝大部分植物已经栽种成活，有些还开了花，已经在自行生育繁衍。

这个生态系统是如何搭建的呢？据牛夏介绍，一个完整的热带雨林生态系统，最关键的就是它的营养循环系统。雨林生态系统营养循环的特殊性，在于几乎所有的能量都储存于生物体内，而非土壤中。现在公认的热带雨林植物层，从垂直高度上至少分为五层：地面层、灌木层、幼树层、树冠层、露生层。每一层，都有无数由不同生物组成的生态系统或循环系统。牛夏建造的这个热带雨林植物缸，主要模拟的是地面层和灌木层，就是离地面十米高度内的这两层。在这个空间范围内，主要生长的是附生、气生类植物，如苔藓、蕨类、兰科、凤梨科、天南星科、秋海棠科等。因此，此次建造的是开放式陆缸，不适合放养雨林动物，是个纯植物的缸。

　　牛夏把此缸的热带雨林类型设定为沟谷雨林。因而我们在这个大缸中看到了陡峭的山崖、飞流的瀑布、淙淙的溪流、倒塌的巨树、密密麻麻的附生和气生植物。这正是典型的沟谷雨林景观，云南西双版纳和雅鲁藏布江大峡谷就分布着这种典型的沟谷雨林。缸中的景观分为前中后三层，牛夏精心设计了缸中的水系，背板上的隐藏出水口流出瀑布，落入水潭变成弯曲的溪流贯穿中景和前景，溪流的回路蜿蜒绵长，正好有利于增加缸中的湿度。背板因为费用问题也没有采用昂贵的天然蛇木板、植纤板或苔纤板，而竟然用了雕刻用的泡沫板，再用丙烯颜料，涂成热带雨林特有的砖红壤颜色，并且没有找专业施工队，完全是牛夏和同事们自己做出来的，简直省出了90%的费用。在骨架方面，如果按常规做法用广东英德产的青龙石或海南、越南的沉木的话，将是一笔巨大的费用。然而真是老天爷赏饭吃，正当他们为费用发愁的时候，一夜狂风暴雨，植物园里倒了一棵大树，5.5米长的树干，2～3吨的大树墩子，

雨林分层

花钱都没地方买,真正的热带雨林中正好也有许多这种倒掉的大树,于是骨架也有了,可以模仿雨林中的腐化现象,会有成堆的兰花开满在腐化木上。其他的设备,也都是在这样的困难中一步步克服完成的,如自己买来管线、原材料、零部件,自己组装的每五分钟喷淋 20 秒、喷淋范围覆盖全部种植区域的喷淋系统,如保证雨林能量来源的灯光系统,还有在硝化系统的建立中,热心朋友帮忙配置的 28 种益生菌的营养液,满足了雨林缸营养循环系统的需要。

而雨林缸中的重头戏——植物,牛夏更是用遍了自己的人脉关系,不少都是从国内外业界朋友那里"坑蒙拐骗"来的。在如何把植物定植到背板上,牛夏也是脑洞大开,因为泡沫背板上不能种植物,她花了一个晚上冥思苦想出一种"杉木板背板镶嵌技术"的"土发明":用磨砂轮,先把杉木板裁成不规则的形状;将杉木板放在背板上,拿笔勾出轮廓;然后拿电烙

四线石龙子迷你生态缸

铁开个槽，把杉木板嵌进去，植物定植在杉木上就可以顺利生长了。目前，这个植被丰富的大缸里，还有许多空余空间，牛夏说一些是为了造景的留白，另一些是专门给食虫植物留的地盘。等以后有了素材，再慢慢调整。

至于这个大缸花了多少钱，牛夏说对普通人并没有什么参考价值，植物和设备基本对半开，毕竟一般人不会有这么多业界的朋友可以免费送珍稀植物给你。她觉得做这个缸最大的意义就是能够让大家提高生态保护意识。她也有个心愿就是把自己这套模式开发成现成的热带雨林缸产品，让"绿肺"可以走进千家万户。

其实除了植物园里的专业人士，也有不少民间玩家在自己家中建热带雨林缸。在民间玩雨林缸的圈子中，苏普最为大家所熟知。他自 2013 年任微雨林论坛版主起，就致力于推广国内的雨林缸文化和相关产业。他说，从大航海时代开始，异域植物在欧洲大受追捧，植物猎人纷纷跑到世界各个神秘角落搜罗奇花异草。他们远渡重洋带回植物所用的玻璃箱子启迪了灵感，国外有玩家动手能力很强，在玻璃缸里种上植物来饲养爬行动物和两栖动物，他们管这个叫作 vivarium。但仅限于玩家群体内部，因缺乏器材厂商和相应的服务去跟进，不能成为产业。在国内，早些年比较新奇的活体造景艺术只有水草造景和海水缸，雨林造景尚不为人所知。苏普从翻译引进国外的优秀作品开始，在论坛上大量发布有关雨林造景的情报，由此吸引了一群志同道合的朋友，虽然大家都来自不同的城市，但是一看到雨林造景就都立刻喜欢上了，并且成了多年的好友。经过两三年的摸索，他们形成了一套自己的经验体系，然后通过

论坛的形式把经验告诉更多的同行，雨林造景这个概念便开始
为很多人所知道了。微雨林论坛还曾于 2015 年、2016 年连续
两年举办过雨林缸造景大赛，发掘了不少民间高手。现在玩雨
林缸的人还很小众，据苏普估算，目前国内的雨林缸玩家总数
可能在 3000 ～ 4000 人。这些玩家以青年男性为主，年龄以
24 岁到 40 岁为主流。他们至少要有份固定的房产，因为缸不
好搬家。女性玩家也有，但可能只有男性的 1/10 ～ 1/20。"我
们和国外的差距已经很小了，甚至可以说造景水准已经碾压国
外玩家了，但是理论水平还差一些，有些浮躁，不求甚解，商
业气氛比较浓，不如国外玩家这么专一。"雨林缸入门并不算
很贵，一个很迷你的小缸几百块钱就可以，但是植物是没有底
的，一味追求珍贵的植物价格就会节节攀高，而且会上瘾的，
缸会越做越大。

　　我对于缸中植物的来源表示疑惑，如果大家都从雨林中

苏普的热带雨林生态缸

采植物回来养，岂不是会破坏雨林？苏普告诉我，目前雨林缸玩家的缸中植物大部分是国内的或者是国外引进的人工栽培物种，但有少数植物，如苔藓，因为分布广泛而且缺乏大众的关注，很多人会去郊外野采回来用，甚至于买卖，在某些程度上对环境起了破坏作用。好在现在已经有人意识到了这点，进行人工栽培来满足市场需要，不再依赖于野采。

对于一个热带雨林缸能对家居环境的改善有多大作用，牛夏和苏普都表示尚无具体研究数据的支持，但从生物特性的理论上来讲，一个雨林缸影响的周围小气候，显然会比一盆绿植强得多。而神秘美丽的热带雨林缸带给我们的，更多的是对大自然美好环境的向往，是唤醒人们保护自然生态的意识。

在路亚中探索自然

　　"二他妈，快拿大木盆来！"这句大家再熟悉不过的相声构成了我小时候对钓鱼的全部印象。在我的想象里，钓鱼是件无聊的事儿，一动不动往那儿一坐盯着水面，还可能一无所获，大约只适合老年人。不过，王铮改变了我的想法，原来钓鱼还有另一种打开方式。

　　"70 后"的王铮是辽宁人，大学毕业后在北京的事业单位从事管理工作。因为生在水资源丰富的辽东，从小就经常遇见钓鱼人，在小小的他的眼里，钓鱼是一项最高级的娱乐，不仅拥有一套高级的钓鱼装备，还可以吃到平时吃不到的鱼。而他则跟着小伙伴在泡子、溪流里，用石头、泥巴筑坝，把水排干，徒手摸鱼。多年过去了，王铮终于拥有了自己的钓具可以任性钓鱼了，也才有机会认真享受和审视这项最古老的体育运动。

　　从 2014 年开始，几乎每个周末，王铮都会开上他的小车出发，和他的伙伴王松一起跑遍北京的河流。在很多人对于"路亚钓"还相当陌生的时候，王铮、王松已经把他们的经历结集成《北京路亚记》一书出版。对于他们来说，路亚钓的不仅仅是鱼，更是他们认识自然、亲近自然的一种方式。

路亚是英文拟饵 LURE 的音译。传说 19 世纪初，美国钓鱼人豪顿氏在河边与朋友闲聊，一不小心把手中把玩的小木片掉进了河里，一条不知名的鱼立刻蹿出叼走了木片。这个偶然的小事，触发了豪顿氏的灵感，此后他发明了世界上第一个路亚饵（拟饵）。芬兰人 Lauri Rapala 把拟饵做得更加极致，并推广到了全世界。

王铮告诉我，从事钓鱼的人 90% 以上为男性，这是基因决定的。基因影响人类的活动，同时活动改造了人类的基因。最初社会分工，男人力量强，从事渔猎；女人耐力好，从事采集。这些由社会分工所形成的活动，深深地刻入每个人的基因中。在现代社会，虽然生活在城市里，但是女人都乐于去超市、商场里采购，去乡间享受采摘的乐趣，而男人们则非常享受钓鱼时兴奋的快感，这是女人无法体验的，就像男人也大多不能享受女人逛街购物的乐趣。听他这么说，我就明白我为什么会误解钓鱼是很无聊的活动了。

王铮，路亚钓达人。

对于王铮来说，路亚钓是他最大的热忱所在。2014 年，他开始四处游钓，从延庆的渣汰沟开始探钓，一点点找到钓鱼的感觉。他自称钓鱼的水准不高，但算是比较勤奋的路亚人。三年多来，他跋山涉水，行程破两万公里，将北京的永定河、潮白河、拒马河、沟河探钓了一遍，经历了北京不同河流、不同季节、不同天气情况下的鱼情及自然生物的变化。在北大刘华杰教授的影响下，他从博物的角度重新看待钓鱼，也越来越觉得钓鱼只是一个探索自然的借口和手段，北京周边的美丽景色和自然秘密才是最大的收获。

王铮说，对于北京这样一个世界大都市，很多人都盯着它的城市现代化发展变化，而忽略了其实北京也有很多独特的自然资源。北京虽然没有大江大河，但是溪流的资源还算丰富，永定河、潮白河、泃河、拒马河都是穿越燕山蜿蜒流淌的水系。北京处于太行山和燕山交汇处，有多种地质现象，造就了几条河流不同的样子。"在我印象里潮白河是白色的、永定河是黄色的、泃河是黑色的、拒马河是灰色的，是水给了它们性格，山给了它们容貌。"

在路亚钓的过程中，王铮也留意到了北京河岸边那些独特的植物，如在房山，拒马河冬天是不结冰的，这里陡峭的崖壁上就有很多北京特有的槭叶铁线莲，它是北京市一级保护植物。每当遇到这些特别的植物，王铮就会拍照留存，当作大自然给予他钓鱼之行的额外馈赠。

当然，他更多研究的是鱼。他告诉我，北京的鱼类原本很丰富，在周口店出土的鲃类化石，是南方的特有品种，说明北京曾经是个温暖、潮湿的地方，鱼的种类比现在丰富很多。北京作为近代中国的政治中心，自然和生态也是世界各国科学家研究的重点，如地质学上用永定河边的青白口村命名的青白口纪。北京地区对于鱼类研究，尤其是鱼类资源的调查也是非常深入的。19世纪初，好多鱼种就是在北京发现和命名的，如尖头高原鳅，它的模式产地[1]就在永定河的三家店。依据前人

① 对物种定名的时候，用来定名的原始标本产地。

拒马河石崖上的独根草（左）
和槭叶铁线莲。（姜辛摄）

马口

高体鳑鲏

大鳍鱊鲏

彩石鱊鲏
（本版图片均为王松拍摄）

北京河流流域示意图

的文献记载和野外采集的样本，北京曾经出现过野生鱼类 85 种，而现在野外能采集到的，除了引进种以外，只有 41 种。目前潮白河作为水源保护的河流，水质最好，鱼类品种也最丰富。

王铮路亚钓的目标鱼种主要是马口鱼，马口鱼生长在溪流里，溪流水不深，水面不大，罕有大鱼出现，马口鱼却可以在溪流里长到 25 厘米，是绝对的溪流之王。溪流是河的源头，就像毛细血管，浸润在山间。溪流虽然水量不大，但数量众多，水质最清澈，在山间的流淌最活跃。马口鱼就像金丝雀，对水质最为挑剔，它最喜欢在清澈多氧的溪流里嬉戏。不过不要认为马口鱼太娇贵，它是在全国分布最广、适应能力最强的鱼类之一。从炙热的海南到极寒的黑龙江都有马口鱼的身影。溪流水急，容不得其他鱼儿悠闲，马口鱼却可以逆流而上，在石间穿梭。它行动迅猛，罕有敌手，在溪流里展现出掠食者的本色，一龄的马口鱼便可吞噬身体长度一半大的猎物。

王铮常钓的还有鳑鲏鱼，它分布很广，非常漂亮，适合作为观赏鱼，王铮在鱼缸里养了三种。鳑鲏鱼生活在水的中上层，当投喂鱼食的时候，它们会在水面扑腾，吃那些还没来得及下沉的食物。

大鳍鳑鲏体型最大，达到 12 厘米。它最大的特点是在胸鳍侧有一个显眼的黑色斑点，当处于繁殖期，在营养条件良好的情况下，身体侧线周围的鳞下会发散出粉色。大鳍鳑鲏比较沉稳，行动有力，喜欢迎着水流，张着嘴，顺势展开全身，像飞鸟迎着气流，张开双翅，静止在空中；也像人劳累过后，伸一个懒腰，张大嘴打一个哈欠。

高体鳑鲏体型最小，但是颜色最为绚丽，全身呈现出湛蓝色，并且在鱼鳃、鱼尾部分有粉红色。高体鳑鲏行动优雅，在水草石头的上方缓慢地漂浮游动，时不时去捡食石头上散落的食物，那样子就像盛装的淑女，手臂上挂着篮子，在草地上，低着头，不紧不慢地走着，偶尔弯腰捡拾草间的蘑菇。

与它形成鲜明对比的是小弟——彩石鳑鲏，彩石鳑鲏不像高体那样全身颜色艳丽，它的颜色主要集中在尾部和头部，都有蓝色和粉色的纹路。王铮家鱼缸中的四条彩石鳑鲏不会像大鳍鳑鲏、高体鳑鲏那样独自游玩，它们永远是待在一起嬉戏打闹，从不分开。它们会对着鱼缸的玻璃照镜子，审视自己的样子；会在树杈中追逐，会在别的鱼眼前游过，就像一个不守规矩、寻求刺激的司机。寂静的夜里，它们会从水底直冲水面，然后又翻身入水，在水面弄出声响，让你以为有鱼跳出缸来。

北京的水系里也有特有的鱼种，如多鳞白甲鱼，它生活在拒马河流域。拒马河是岩溶地貌，有地下河，北京是多鳞白甲鱼分布的最北界，这种鱼是北京地区唯一的鲃亚科鱼类，也是长江以北唯一的鲃亚科鱼类，它会在河道相通的洞穴中越冬，春天从洞穴中出来，所以又叫泉水鱼，是北京二级水生野生保护动物。不过对于多鳞白甲鱼，王铮也只是在资料中看到过，并没有钓到过。

路亚钓的经历也让王铮开始关注环保问题。北京隶属于海河流域，是和大海连通的，在更早的时候，北京曾经大马哈鱼遍地。其后，人类的活动对北京的野生鱼类产生了巨大影响。从 20 世纪 60 年代开始，为了保证农田灌溉，北京兴修了大量水利工程，致使一些洄游类鱼逐步消失。现在已经很难想象北京曾经有冠海马、鳗鲡这些鱼类。20 世纪 90 年代是鱼类速

潮白河孤岛的春夏秋冬。（王铮摄）

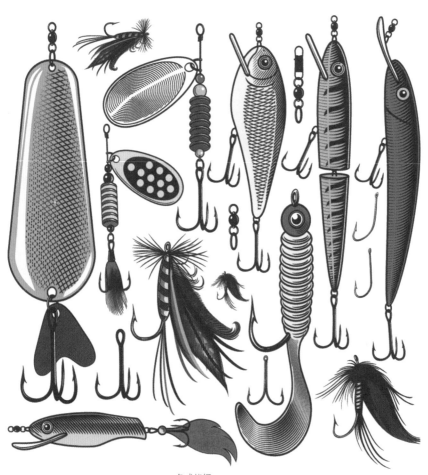

各式拟饵

度减少最快的时期，经济迅猛发展，城市面积、人口急速扩张，市区内的河流，基本都沦为排水和泄洪之用。为了发展经济，郊区出现了很多农家乐，拦坝造景，修建漂流戏水工程；开展很多环境整治工程项目，硬化河床；为了满足城市建设的需求，河床被挖沙的人糟蹋得满目疮痍。这些行为对鱼类的伤害巨大，如今就连我们常见的鲫鱼、草鱼也已经没有本地种、原生种了，全都是从外地坐着汽车进来的。

本来想和王铮体验一次路亚钓，但和他的时间没对上，他说其实路亚钓入门很简单，绝大多数人都可以参与。他给初学路亚钓鱼者的建议首先就是安全，如要了解河水上涨的规律，需要格外注意大自然那些潜在的危险，远看自然是美丽的，只有亲近自然，才能感受到它严苛的一面。

October

十 月

你吃的粮食没那么简单

　　去医院看望生病住院的朋友，安慰情绪低落的她："人吃五谷杂粮，哪能不生灾病呢？"朋友说，你那是古人的说法，现代人是吃得更多更杂，也更容易生灾病了吧？我一时不知如何作答。回家的路上，随意翻看手机，发现当天是第36个世界粮食日（2016年10月16日），当年的主题是：气候在变化，粮食和农业也在变化。朋友说得没错，从古至今，中国人的粮食结构已经发生了显著的变化，只不过我们很少有人会在端起饭碗的时候想一想，几千年来我们的古人在吃些什么。于是我找到了主攻植物学文献和植物学史的辰山植物园工程师刘夙，请他帮我梳理一下中国人粮食的变迁。

　　刘夙告诉我，解决这个问题首先要弄清几个概念。
　　"粮食"是农业范畴用语。虽然这个词本身所指的范围比较模糊，不同的人会有不同的看法，但是农业研究在做统计的时候，为了概念清晰起见，必须给它下个定义。中国对粮食的定义是：谷类、豆类（不包括作蔬菜的豆类）和薯类（番薯和马铃薯）的统称。其中，谷类作物主要是禾本科植物，也包括荞麦等个别非禾本科植物。

"主食"是一个营养学范畴的用语，指的是餐食里经常食用、为食用者提供主要能量来源的食物。因此，粮食和主食不是同一范畴的概念。不过，世界上绝大多数人群的主食都是粮食（当然也有例外，如有的人群以鱼类作为主食）。

"五谷"是一个古代的概念。狭义的五谷就是五类粮食作物，广义的五谷则泛指所有粮食作物。因此，广义的"五谷"可以认为是粮食的一个文艺化的同义词。需要说明的是，这个词里的"谷"是粮食作物的意思，比上面说的农业统计上定义的"谷类"的范围要大。换句话说，"五谷"除了包括谷类作物，也可以包括豆类作物和薯类作物，甚至还包括大麻这样的在今天不被视为粮食作物的作物。狭义的"五谷"中最有影响力的说法是"稻、黍、稷、麦、菽"。其中，稻和菽的所指没有争议；"麦"包括小麦和大麦；有争议的是黍和稷是指什么作物？一种观点认为黍和稷是同一种植物，黍是做熟时发黏的品种，稷是做熟时不黏的品种；另一种观点认为黍和稷是不同的植物，稷是粟的别名。刘夙赞同后一种观点。因此，狭义的"五谷"就是稻、黍、粟、小麦和大麦、大豆这五类六种作物的统称。

分析清楚了这些定义之后，我们可以说，古代中国人的主要粮食是谷类，以稻、小麦、粟（小米）、黍（黄米）、大麦居多，此外还有菽（大豆）和麻（大麻）。其他粮食作物如玉米、高粱、番薯、马铃薯等都是自近代以来才获得较重要地位的。

中国是世界六大作物的起源中心之一，中国古代的主要

大麦和小麦

黍   粟

奥托手绘小麦

奥托手绘二棱大麦

粮食作物具有鲜明的东亚特色，就是稻、粟、大豆等本土起源的粮食作物占很大的比重。只不过，亚欧大陆上很早就有贸易路线。通过这条史前的"青铜之路"，另一个重要作物起源中心——西亚起源中心的两种重要的粮食作物小麦和大麦很早就传入中国了，成为狭义"五谷"中的"麦"类。不过，大麦在中国古代一直不是最重要的粮食，小麦也只是在秦汉以后才普及开来，逐渐成为中国北方的第一大粮食作物。差不多与此同时，黍也沿着亚欧大陆的贸易路线向西传播。因此，这些古代的贸易造就了中国和西亚地中海这两大古代文明世界的粮食构成中的共性。

印度的位置介于中国和西亚之间，是史前"青铜之路"南线的重要中间站。所以印度同时有来自西亚和东亚的粮食作物，又以来自东亚的水稻为主，因此和中国古代的粮食构成具有更大的共性。

在哥伦布到达美洲之前，旧大陆和新大陆只有非常少的沟通，所以新旧大陆的作物也很少能相互沟通。新大陆文明以玉米为主要粮食作物，南美洲的印加文明还更多食用马铃薯等，和旧大陆文明迥异。只是最近几百年，新旧大陆开始沟通，两地的粮食作物相互交流，才让今天东西半球人群的主食构成有了较大的共性。

在古代中国人的主要粮食中，稻和大豆的地位基本未变，都是栽培极广的谷物。大麦的地位也基本未变，始终是一种栽培有限的谷物。发生变化的主要是小麦和黍、粟。小麦虽然在5000年前就从西亚传入中国，但长期以来是一种栽培有限的谷物，这有两个原因：第一，种小麦需要比较多的水，为此就

要建设水利设施，因此不如耐旱的黍、粟方便种植。第二，古人曾经像食用大米一样把整粒小麦煮熟食用（所谓"粒食"），但口感不佳。小麦的普及是秦汉以后的事情。秦代开始大修水利设施，改善了很多田地栽培小麦的条件。更重要的是，从西汉起，人们开始把小麦磨成粉食用（所谓"粉食"），大大改善了小麦的口感，使面食成为一种非常可口的主食。随着小麦栽培面积的不断增大，黍和粟的地位不断下降，呈现出此长彼消的关系。

另外，大麻曾经在古代也被认为是一种重要的谷物，但是它很早就衰落了，这和它产量低、口感不佳有关系。

北宋以后，一些新的粮食作物如高粱、燕麦引入中国。"地理大发现"之后，新大陆的粮食作物如玉米、马铃薯、番薯也传入中国。但是和网上流传的说法不同，它们在民国之前并没有占据优势地位，也不是清代"康乾盛世"人口激增的原因。直到民国年间，这些新作物的栽培面积和产量才逐渐增大。1949年以后，随着人口数量的激增，这些新作物更是获得了大发展，最终引发了自古以来中国人粮食构成的最大变革。

　　我问刘夙，一种优秀的粮食应该具备哪些特征？他说这可以从农业和营养学两个方面来回答。从农业上来说，优秀的粮食作物应该既高产，又有较强的抗性（包括抗旱、抗涝、抗寒、抗病虫害等），易于种植和收获。目前全世界产量最高的粮食作物在这几个方面都表现出色，是一万多年来人类通过艰苦的驯化育种筛选出来的佼佼者。当然，农学家对它们的表现还是不太满意，还在竭力通过各种育种技术提高产量（比如，袁隆平培育杂交水稻）和抗性（比如，利用基因修饰技术提高玉米和水稻的抗虫性）。从营养学上来说，优秀的粮食在提供淀粉这种养分之余，最好在营养上还能更均衡一些，如多含一些蛋白质和维生素，少含一些影响营养吸收的物质；它提供的淀粉最好也能更健康一些，如摄入之后造成的血糖波动要小，饱腹感要强。如果用这个标准来衡量，水稻和玉米都不算是优秀的粮食作物，而精制白面的营养价值也不高。相比之下，因为口感不好而不受今天很多人喜欢的全麦、杂谷、杂豆反倒十分优秀，这也是营养师都推荐人们减少精制大米白面制品的摄入量，多吃五谷杂粮的原因。

　　近年来，超市中出现了土豆馒头。事实上，土豆继水稻、玉米和小麦之后，正在成为中国的"第四主粮"，这主要源于粮食安全的原因，也就是要保证中国的粮食基本能够自给自足。土豆比较耐寒、耐旱，可以种在一些连水稻、小麦也难以生长的田地中，因此可用于改造因自然条件不好造成

刘夙，上海辰山植物园工程师。

的中低产田，充分发挥土地资源。从营养学上讲，土豆引发血糖波动的能力随品种而异，但薯条之类食品可以引发很大的血糖波动，而且含有大量脂肪，并不利于健康。整个烹制的土豆算是一种粗粮，其饱腹感强于大米和白面，但精制土豆淀粉做成的食品则与大米白面没有多大差异。

刘夙说："对于土豆这种正在大力推广的第四主粮，我希望公众从一开始就能养成健康的口味，而不是让它简单成为大米和白面的替代品。"不过说实话，土豆成为主食我还有点接受不了，在我的观念里，醋熘土豆丝是一道美味的下饭菜，麦记的薯条是吃一个汉堡不够时的溜缝儿小食，袋装薯片只能配肥皂剧时光，至于让我蒸好一整个土豆，用它代替刚出锅的热气腾腾的大白馒头，还是算了吧！

弄清关系再吃柑橘

　　从前我喜欢吃橘子不喜欢吃橙子，因为懒到如我，当然要选皮好剥的。后来陆陆续续买了好几种榨汁机，发现还是鲜榨橙汁味道美好，就又冷落了橘子。不管怎么说，从秋天到冬天，水果摊都是柑橘家族的天下，从土生土长的柚子、橘子、橙子、柑子，到舶来的柠檬、葡萄柚，都是地地道道的亲戚关系。这些柑橘亲戚们用各异的形态和味道，无私地给了人类诸多口味选择。然而当那些酸甜的汁水在你的口腔中迸溅开来的时候，你有没有觉得，厘清它们的家谱是一件无用但美好的小事呢？

　　植物学家史军是个地道的吃货，还专门写了一本《植物学家的锅略大于银河系》，他对于柑橘家族的故事，可以说是一清二楚、了然于胸。

　　史军告诉我，柑橘是一个说大不大，说小也不小的家族。1753 年，林奈创建了柑橘属，到 20 世纪初，美国著名柑橘分类学家施文格将柑橘类分成了 6 属 29 种，日本学者田中长三

柑橘家族关系图
（张成龙 制图）

郎曾经把柑橘类分为四属 159 种。而在我国最新的植物志——《中国植物志》中，所有生于我国的柑橘类植物则都被归于柑橘属下的七个原生种和五个杂交种中。

这种分类上的混乱，其实是源于柑橘家族本身的混乱，拿史军的话说："任意两种拉在一起都可能产生爱情结晶，并且这些后代还能跟其他柑橘属植物再度结合，产生更多的变异，简直就是一部乱伦史。"

那么，到底谁是这个奇葩柑橘家族的祖先呢？目前植物学家们达成的共识是：香橼（Citrus medica）、柚子（C. maxima）和宽皮橘（C. reticulata）是真正的柑橘家族三元老。这三位无论是长相、香气、味道，还是果皮的厚度都各有特点各领风骚。香橼被认为是这三元老中最年长的种类。不过，对于现今的中国人来说，这家伙多少有点陌生。因为它们的皮的厚度通常会超过果实的一半，可食用部分太少了。古人对香橼还是比较熟悉的，这个一会儿再说。柚子从来就是食品，饱满的水分，长久的储藏期，让它简直就是个天生的水果罐头。吃它也像吃罐头一样费劲，我朋友每次剥柚子都叫"杀柚子"，可见给柚子剥皮可不是个小工程。此外，柚子还有一种特殊的苦味，这主要是由一种叫作柠檬苦素的物质引起的。实际上，如果你细品柑橘类的水果，就会发现它们多少都有这样的苦味，只是轻重不同而已，有些人只喜欢几乎纯甜的品种，有些人则偏爱苦味。而宽皮橘呢，果如其名，果皮相当宽松，特别好剥，实为懒人最爱。像南丰蜜橘这样传统正宗的宽皮橘，主导了几代中国人的味觉。

虽然柑橘家族的各个成员之间都可以产生"爱情结晶"，

但它们还是有规律可循的，史军给柑橘家族总结出了一个"杂
交军规"。他说四川农科院的研究人员发现，柑橘杂交的后代
会符合以下几条规律：第一，个头会偏向于体型较小的亲本；
第二，果实的形状会取中间值，跟双亲都有点像；第三，糖含
量会取中间值；第四，也是我们不希望看到的，酸度会跟随更
酸的一方。

至于说橙子就没有那么明确了，橙子分为酸橙和甜橙，
在之前的分类系统中，曾经有学者把甜橙塞进了酸橙家，合并
成了一个物种。但是，这种做法是不对的，在最新的这项研究
中，发现这种合并就是人为的扭曲行为，酸橙和甜橙根本就不
是一家子，它们有完全不同的身世。酸橙是柚子和宽皮橘的直
接后代，柚子是妈妈，宽皮橘是爸爸。对甜橙来说，柚子依然
是妈，但是它们的父亲就很混乱了，可以肯定是柚子妈和橘子
爸的私生子，在研究中被定义为早期杂柑。在之前的文章中，
史军曾经叙述说，橙子和香橼结合产生了柠檬。准确来说，市
场上常见的甜橙压根儿就没有跟香橼发生过关系，真正与香橼
结合的其实是酸橙。并且酸橙和香橼搞出了一大堆后代，包括
黎檬（Citrus × limonia）和粗柠檬（Citrus jambhiri），只是这
两个类似柠檬的物种不大出镜而已。看着酸橙的丰富生活，甜
橙当然也不甘寂寞，它找到了柚子老祖母，只为当一个爸爸，
它们的爱情结晶就是葡萄柚，因为葡萄柚有更多来自柚子的遗
传基因，所以葡萄柚的个头也比橙子老爸要大很多。正所谓，
"爸矮矮一个，妈矮矮一家"，这句中国的谚语不无道理。好了，
最后再来理理橘子这一堆物种的关系，在一大堆橘子中，有真
正的橘子，也有假冒的橘子——杂柑。真正的橘子就是纯纯的

从宽皮橘而来，比如说，中国的南丰蜜橘就是纯纯的宽皮橘，并且在中国栽培甚广。至于椪柑（Ponkan），其实是宽皮橘和柚子结合的后代，也就是所谓的早期杂柑，而在欧美市场一度占据统治地位的克莱门氏小柑橘（Citrus × clementina），其实是宽皮橘和甜橙的杂交品种而已。另外，在中国开始流行的青见橘橙其实也是甜橙的后代。宽皮橘和甜橙之间有太多不可描述的事情。

不过园艺工作者显然不满足于靠自然的力量吃饭，他们热衷于给这个乱伦剧加戏。人们通过让柑橘继续杂交，或者直接利用细胞融合技术培育出全新的品种。这些技术解决了很多问题。比如，不用吐核的橙子，不带苦味的橙汁，像柚子一样又大又饱满却不难剥皮的柑橘……人们甚至能把金橘和橘子的特点结合起来，搞出连皮带瓤一起吃的高档果品。吃货们在感谢园艺工作者智慧的同时，也别忘了感谢柑橘本身"自由奔放"的基因成就了这一切。

我问史军，你把柑橘说得这么"没节操"，那南橘北枳是不是也是个"没节操"的例证？ 史军笑着说非也非也。

"橘生淮南则为橘，生于淮北则为枳。叶徒相似，其实味不同。所以然者何？水土异也。"这句晏子灵机一动想出来揶揄楚王的话，本意是指生活环境会对生物产生巨大的影响，大到可以改变品性。但实际情况并非如此，聪明如晏子，还是缺了点植物学知识。事实上，枳（Citrus trifoliata 或者 Poncirus trifoliata）和宽皮橘（C. reticulata）是完全不同的两个种。在果树的相貌上，枳和橘就有明显的区别：枳树相对更矮小一些，一到冬天就变成了光杆；橘树相对更加高大，且冬天仍然身披

十月

绿叶。如果走近一些观察它们，就会发现更大的差别：枳的枝条上密布粗壮的刺，而橘没有这种防御结构；并且枳的复叶上一般都生有三片小叶，这与柑橘的单身复叶（看起来像一片分了两截儿叶子的复叶）有明显的不同。枳的新鲜果子不堪食用，果肉少且酸、苦，一定要吃的话除非加入大量糖熬制成柑橘酱，不过是为了取果皮的香味。但是枳树的生命力顽强，耐病抗寒，个头还不高，所以是优良的柑橘砧木。让柑橘的枝干长在枳的树根上，最终就能得到好吃又抗病的"组合"橘子树了。

奇葩家族自然还会有一些奇葩成员。比如，金柑（C. japonica），也就是老百姓常说的金橘。根据分子生物学的证据，金柑与柚（C. maxima）的关系十分密切——虽然从视觉上将微型柑橘与巨型柑橘扯在一起会稍微有些出人意料。它最特别的地方在于皮比瓤好吃得多，因为它们的瓤酸且干涩，反倒是皮中的汁水饱满，而且是甜的，皮上的挥发性物质更使其香气四溢。与食用相比，金柑更多被用作室内盆栽观赏用。过年过节时，用它们装点居室是个不错的选择，暗绿色的叶子搭配着累累硕果，看上去格外喜庆。而且除了漫长的果期，开花季节的金柑有着洁白芳香的花朵，也十分美丽，是很受老百姓欢迎的家庭盆栽。如果哪天你一不小心咬开金柑的种子，发现里面有绿莹莹的东西，千万不要惊慌。金柑本该如此，它们的子叶和胚芽都是绿色的，这点和多数其他柑橘不同。

另外还有佛手（C. medica "Fingered."），形状似如来佛的手势，有的像攥得不是很紧的拳头，有的像随意张开的手指。别看它长成手的样子那么奇葩，它其实是香橼的一个栽培变种，香气比香橼更重，且久置更香，因而中国古人常把它和

橙花   橘子花

金柑花

柠檬花   柚子花

香橼作为"闻果"用于熏屋子。这种潮流在明代中后期尤盛，北方有钱人家往往弄一大缸、一大盘的香橼佛手之类的闻果放置屋中，满屋果香。而江南的文人则看不上这样的做法，明末文震亨在《长物志》中说"以大盆置二三十，尤俗。不如觅旧朱雕茶橐，架一头以供清玩；或得旧瓷盆长样者，置二头于几案间亦可"。可见人们对佛手香橼的趣味，也是分南北的。如今，摆闻果的生活习惯早已淹没于历史尘埃，只有个别文人还愿意效古人雅趣于家中摆上一二。

不同种类、不同外形的柑橘吃起来味道差别也很大，不过史军说，它们之间营养的差异却要小得多。在一项针对砂糖橘、脐橙和芦柑营养构成的试验中发现，除了砂糖橘的糖含量明显高于其他两种之外（这很好理解，甜的一定糖多啊），其余的维生素、矿物质的含量相差不大，如果不是把这些水果当主食吃，恐怕很难体会出其中的差别。倘若有商家宣称某种柑橘营养特别丰富因而卖高价的话，那他一定是在忽悠你，不用理他，只管选你喜欢的口味就好。

采访快要结束的时候，史军特意告诉我："我看你有时候把橘子写成了桔子，虽然这样的写法广泛存在，但并不规范哦。桔用于桔梗，读音是 jié。桔梗是桔梗科植物，嫩芽可以成为野菜，根茎则可以做成广受朝鲜族人民热爱的泡菜，跟柑橘属的水果毫无关系。"我郑重地点点头，是呀，柑橘家族已经够乱了，我们就别又拿个"桔子"来添乱啦！

November

十 一 月

落叶里的感官世界

　　清晨出门，忽然发现马路牙子旁边已落叶堆叠，只需一夜大风，这个城市就能变个样貌。中国有句老话叫"一叶知秋"，古人从一片叶子的凋落中就能感知时序更替、光阴流转，而现代人大多忙碌麻木，就算像我这样自诩热爱自然之人，也很难捕捉到第一片落叶带来的秋的讯息。我想到了老朋友天冬，秋天应该是他特别忙碌的季节吧？他总是细心收集起一年又一年秋天的落叶，当作宝贝一样珍藏。

　　2015 年 12 月 1 日，天冬在个人公众号里发出了《每天送你一片小树叶》的完结篇《女贞——傲雪、菁木含英》，至此整整十周的时间里，天冬坚持每天熬夜为一种树叶写一首小诗，配一篇科普小短文，并做好图片，第二天一早由妻子小飞编辑好在公众号中发出。跨越秋分到小雪五个节气，70 种华北地区可见的秋叶以一种特别文艺的方式呈现在读者眼前。比如，完

垂丝海棠

荷花玉兰

结篇，华北地区常作为行道树的常绿植物女贞，在他的诗里"我卑微、拒绝忏悔／直到／永垂不朽"，天冬借写树也表明了自己的心迹。尽管有时候公众号的阅读量并不高，但他显然乐在其中。

70 种，只是天冬收藏的一小部分，在他的旧工作室里，一面墙上整整齐齐地贴满塑封好的落叶，棕色、红色、黄色为主，也有小部分绿色，形态各异。有些一眼看上去一样，再细看又会找出很多不同。更多的树叶没有空间展示，老老实实地躺在标本夹里，被收藏进某个抽屉。

天冬说，他是从 2014 年秋天开始收集北京地区彩叶植物落叶的，一收就开始上瘾。整个秋天，只要有时间就背上相机和标本夹，遍寻京城的大街小巷、公园和学校。两个秋天过去，天冬已经收集了 120 余种彩叶植物落叶。除了做成标本、拍照、写公众号，他还把这些落叶做成了图鉴、贴纸等周边产品，据说喜欢的人不少。

我问天冬："为什么要专门收集落叶？叶子长在树上的时候随时可以收集呀？"然后我脑补出了微胖的天冬费力爬树的样子，不禁失笑。不过天冬可不是因为爬不上树去才收集落叶的。他说这主要是因为他对各类自然物收集的统一原则——尽量不去干扰自然。采摘叶子收集，一两个人摘没什么，摘的人多了势必会对植物造成伤害。"我提倡收集落叶和从前提倡过的收集自然掉落物一样，都是一种对自然的爱护。"还有另一个关键原因，大部分植物的叶子到秋天，在掉落之前会变色，会变成亮黄色、橘黄、红色、褐色等，从相对单调的绿色变成浓烈的彩色，这个

天冬拍摄、制作的《落叶图鉴海报》

时候收集落叶就能更好地欣赏到植物的多样性美丽，彩叶比绿叶的观赏性更高。

天冬说："秋天树木大量落叶，在城市里很快就被清洁工扫走了，我也是有一天突然意识到，这真可惜，如果能把这些掉落的彩叶收集起来，在北方漫长的冬季里整理把玩，能抵消掉不少冬日的枯燥无聊吧！"

——收集秋天的落叶，留待枯燥的冬日把玩，这真是诗呢！

天冬坐在工作室里那面落叶墙的对面，和我聊天的时候也时不时抬头仔细端详，那些他亲手采集的落叶他应该十分熟悉了吧！怎么会看不腻呢？我好奇地问天冬："你都是怎么欣赏落叶的？"

"落叶应该从秋季它在树上变色起就开始欣赏，秋天的各个阶段都可能捡拾到完美的彩色落叶。"天冬说，他把欣赏落叶总结为几个维度，先总体分为空间维度和时间维度。空间维度就是你去寻找不同的彩叶景观，认识不同的树种。知道你的城市哪里有最美的红叶，哪里有最美的黄叶，是一件值得炫耀的事。

时间维度稍微复杂一点，又可以分成两条线。第一条线是锁定某棵树的叶子，从入秋开始观察记录它的变化。这棵树最好是自己家附近的，或者是每天出门必经之路上的，看着它从绿色一点点变黄、变红，从茂盛到稀疏再到光秃，是一个非常有意思的过程。"还可以捡拾它的落叶收集起来，冬天把玩这些收藏，就好像从来没和这棵树告别一样。"天冬突然又冒出一句很诗意的话。

天冬说："如果能坚持几个秋天，找出每年叶子变色和掉

天冬在野外拍摄自然收集物（本文图片均为天冬拍摄）

落时间的变化，就好像在做一项发现大自然秘密的大工程，会很有成就感。"

第二条线是在同一段时间对不同树种落叶的收集，不用走很远，就在自己周边几个街区，你就会发现原来植物的形态如此不同，如此神奇，平时真是疏于观察，忽略了身边的美丽。

鹅掌楸

天冬还特别提到现在很多人喜欢在秋天的旅行中安排观赏彩叶的路线，如果能把收集落叶这个环节加入旅途当中，一定会增添不少乐趣。特别是亲子游，他师弟带过小孩子的团去捡落叶，他们真的是超级喜欢。

夏天的一树碧绿到了秋天变得金黄或者褐红，继而随风飘落，这是我们再熟悉不过的自然现象了，可是又有多少人会去想为什么叶子会变色、会掉落，为什么有的年份红叶格外漂亮，有的年份差强人意。

天冬说，大部分人都知道叶子的绿色来自叶绿素，其实叶子里还有叶黄素、胡萝卜素和花青素等，平时它们被叶绿素的颜色盖住了。秋天，叶绿素由于低温开始分解，其他色素的颜色就会显现出来，它们的比例决定了叶子的显色。叶子的脱落一方面是植物的需求，叶面有很多气孔，把从根部吸取的水分蒸腾和散发出去，在低温尤其是冰点以下，这种水分在植物体内的流动，就很可能造成植物的严重冻伤；而另一方面是植物的内在机制，植物到了低温时节，会形成一种脱落酸，促使叶子很快落掉。所以决定叶子变色和脱落的主要因素是气温变化，昼夜温差越大的地域，彩叶的变色状态越好。

　　"那么，在同一棵树上，叶子的变色情况也有差别吗？"我问道。"当然有。向阳花木早逢春，向阳的叶子也先变色，因为白天日照多比较暖嘛，会和夜里形成更大的温差。另外成年树也比幼树的变色程度高，是叶子中色素含量问题。就单片叶子来说，变色的顺序也不一样，有的先从边缘开始变，有的从叶尖端往下变，有的整体均匀地变，观察不同树种的不同变色方式也是一件很有意思的事情。"天冬说，观赏彩叶也有大小年，最怕那种连阴雨的秋天，如2015年的北京，叶子还没来得及变好色就掉了。我立即想到那年秋天我是去日本京都看红叶的，结果遇到了红叶小年，尽管也很美，但还是有点遗憾。我当时捡拾的落叶，夹在书里，后来也慢慢失去了鲜红，变成了不漂亮的棕褐色。

　　天冬告诉我，捡落叶，不是简单的一个动作，是要讲方法的。要捡新掉落的叶子，因为落叶在自然状态下，不会均匀地失水，而是局部先失水，这就会造成落叶不平整，甚至卷曲，形态就不美了。我们都习惯把落叶夹在书里，它在自然状态下干了以后会变得很脆，又不平整，再往书里一夹就碎裂了，没法收藏。而且叶子落久了之后会变成枯干的黄色或褐色，和新落的叶子的靓丽的色彩是没法比的。那么，怎样让落叶保持靓丽的色彩呢？可以学学天冬比较专业的做法。

二球悬铃木

　　"遇到特别喜欢的落叶，我会夹在标本夹里带回来做成标本。标本夹的结构很简单，就是瓦楞纸里夹上吸水纸，

元宝槭

把落叶放在两张吸水纸中间，两边再夹上瓦楞纸，这样一层吸水纸一层瓦楞纸的可以夹一大摞，最外面用绳子捆好固定住。要想让落叶标本不变色，就要使它迅速脱水。因而瓦楞纸要选那种大孔的，吸水纸当然吸水性能越强越好。为了加快它的脱水速度，还可以用吹风机开热风从侧面吹，起烘干作用。但要吹到 20 分钟以上才起作用。我曾教给别人这个方法，人家说：好心疼电费啊！"天冬说到这里也乐了，"做落叶标本就是要有耐心，夹上不管了也不行，最好每天换一下吸水纸，换下来的吸水纸可以晒干了重复利用。这样大约要过一周时间，落叶标本才算做好了。这时候你无论把它夹在书里、装进相框里还是塑封起来，都会在较长时间内保持完美的形态和色彩。有的朋友比较心急，夹两天觉得好了，就拿出来摆，因为并没有完全脱水，过两天再看，变黑了或者发霉了。"

　　不过，我也从天冬那儿听到了遗憾的事——就算完全脱好水的叶子，鲜艳如初的颜色也只能维持三年左右，就算你把它塑封起来也是一样。所以很大一部分落叶他都是采用"立此存照"的方式来收集的，带上一块白板当摄影的背板就都解决了。回来整理这些照片，一种两种不算什么，多了以后还是蔚为壮观的。把这些照片打印出来，做装饰画的效果也特别好。此外，也可以把叶子埋在硅胶里迅速脱水保持叶子的立体形态；可以制作叶脉书签；可以做拓染；可以做黏土印章，具体方法在网上都可以查到。总之，收集把玩落叶的方法太多了，也许每个人都可以开动脑筋想出属于自己的独特方式。

临告别前，我终于问了我最爱的问题："该怎么知道这些落叶是什么植物的呢？""这是个特别复杂的问题，"天冬挠挠头，脸上的神色仿佛都严肃了起来，"植物分类学本身就是一个比较难的学科，单看落叶尤其难辨认，很多树的叶子非常接近，应该连树一起认识，我建议可以从这棵树开花、结果时期就开始观察。比如，你春天看见它开玉兰花了，记住这棵树，秋天在这棵树底下捡到的自然是玉兰的叶子，但前提是你要认得那些花……所以还有一个更简单的办法，就是去公园和校园，一般这里的树上都贴有名牌。想系统了解树叶知识的，可以多看几本相关的书。对于华北地区的落叶，也可以参考我制作的一张落叶图鉴海报，上面有 70 种等比落叶，把你日常能见到的基本囊括了。"

话都说到这儿了，他的妻子小飞立即善解人意地拿出一套秋叶原色等比图鉴贴纸套组送给我，我乐得见眉不见眼地出门，一路都在低头寻找落叶。

荐书

《叶结构手册》，专业书籍，关于被子植物化石叶片鉴定的强大和客观的方法学，其逻辑清晰、插图精美，特别实用。

文人心头的一抹红

　　还是 2015 年，当北京的暑气尚未消尽的时候，我便忽然生出了这个秋天去京都看红叶的愿望。一查攻略，发现赶对红叶见顷（最盛）的时间如同赌博。因为红叶的观赏期与当年 9 月至 11 月的气温关系密切，通常最低气温低于 8℃，叶子就开始上色，最低气温一旦低于 5℃，叶子就能迅速变红。红叶的颜色要好看，还必须同时满足充分的日照、适度的水分和气温骤冷三个条件。当年夏天的气候、秋天的昼夜温差以及晴天的多少都会影响到红叶的品质，一般来说，阳光充足、气温凉爽是造就漫山红叶最重要的条件。好在做事认真的日本人发明了预报红叶变色期的"红叶前线"，每年通过气象台向全国发布。"红叶前线"从北海道开始，随着气温一路下降，逐渐向南推进到九州地区。每年大约在 9 月中旬，日本气象厅就会发布"红叶前线"，预测全日本红叶开始变红直至见顷、终了的时间，观测的基准是日本最普遍的原生槭树"伊吕波枫"。要想不错失红叶，必须要密切关注"红叶前线"。但由于京都的红叶季与樱花季一样人潮火爆，其间，不但住宿费翻番，很可能一房难求，如果预定得晚便只剩最贵的和最差的地方，或者只能住到相邻的奈良、大阪等地徒增旅途劳顿。所以我便决定在 8 月底赌一把，尽早订下了机票酒店。由于京都属于近畿地区，综合历年来的情报，基本在 11 月下旬到 12 月初旬见顷，好在红叶比樱花期长，盛况约可持续两个星期，但经常会遇到

气温骤变的年份，红叶前线只能做大方向的参考。赌红叶见顷的日期，本身也成了旅行趣味的一部分。

其实从古代起，日本人就把秋天看红叶叫作"红叶狩"。狩是狩猎的意思。在日本人眼里，红叶有点儿像一头毛色华丽的野兽，当它嗅到一丝秋天的气息，就会以平均每天 27 公里的速度从北到南跑遍全日本，仅需 50 天左右，就能把这个狭长的岛国笼罩在它的影子里。人们不得不像猎人一样，扛着相

机追寻它的足迹。我自从定好行程后，便在网上密切关注着这头"红毛兽"的足迹，从"红叶前线"发布最初显示我赌对了见顷期的得意，到进入 11 月京都突然终日连阴雨不见阳光导致红叶未及全红便被雨水打落的揪心，临出发前又看到多个京都旅游微博发布当年红叶状况是近几年来最差的一年，真的没有哪一次旅行还未出发就经历了这许多内心款曲。

后来的旅行经历十分美好，尽管没有看到最盛的红叶，但

七八成已经美得惊心动魄，难怪日本人把赏红叶搞得像过节一样隆重。

其实中国人对红叶的热爱一点儿也不逊于日本人，并且这种热爱是有文化传承的。比如，宋代诗人杨万里在《红叶》诗中写道："小枫一夜偷天酒，却倩孤松掩醉客。"原来是枫树偷喝了天上的酒，醉得红了脸。这么有情趣的描写，果然是真爱啊。

鸡爪槭

火炬树

红槲栎

　　中国的传统文化多赞赏花木与果实，到了唐朝，才由诗人杜牧开创了对树叶的讴歌，他的"停车坐爱枫林晚，霜叶红于二月花"不但在当时好评一片，还被选入了现代小学语文课本。不管是出于什么原因，让最不爱背古诗的学生也能牢记这两句，但确实有一代又一代的中国人被它绝美的意境吸引着，每到秋天，开车或走路，翻山越岭遍寻一场红叶的幽会。

　　在杜牧的眼里，这种处于萧瑟秋天将要飘零的叶子，并没有悲伤的基调。俞陛云在释杜诗时说，文宗年间，杜大诗人路过长沙岳麓山，发现满目枫林于"风劲霜严之际，独绚秋光"，可以想象那感觉就仿佛寒夜里的孤寂旅人遇到一片人间灯火，瞬时温暖心扉。白居易在《和杜录事题红叶》中有"寒山十月旦，霜叶一时新。似烧非因火，如花不待春"的句子，轻松明快，也是把红叶比作了花。明人李渔在《闲情偶寄·种植部》里明确了这种理念，认为枫柏是"木之以叶为花"者，秋天用树叶开出这么绚烂的花，当然不应悲切。而到了革命者眼里，红叶更被赋予浪漫的英雄本色。是毛泽东的"万山红遍、层林尽染"的万类霜天竞自由的豪迈，是陈毅的"霜重色愈浓"的革命斗志，是郭沫若的"纵使血痕终化碧，弋阳依旧万株枫"的咏叹，也是叶剑英为方志敏写下的"文山去后南朝月，又照秦淮一叶枫"的绝唱。

　　但不管怎么说，红叶毕竟是深秋之叶，是将落之叶，颜色只是它的表象，即将到来的飘零才是它的宿命。因而在中国文化的另一部分里，红叶牵系着中国文学永恒的母题：悲秋、离别与相思。元代剧作家王实甫在他的《西厢记》里一语道破天机："晓来谁染霜林醉？总是离人泪。"杨万里说枫树醉酒红了脸只能讨巧地博人一笑，说是离人泪染红枫叶的，才能引起中国人真正的心灵共鸣。当一树碧绿逐渐转黄转红，季节的变迁和风霜的浸洗在眼前活生生上演，凄美其实是一种致瘾性的美学情怀，不悲秋的诗人根本不是诗人。连"金戈铁马，气吞万里如虎"的辛弃疾，在写到红叶的时候都会说"落叶西风时候，人共青山都瘦"。李商隐阶下的青苔与红树，是"雨中寥落月中愁"；李白夜泊牛渚怀古，挂帆去后，但见"枫叶落纷纷"；白居易的笔下，菊花是携酒助兴的，红叶却"添愁正满阶"了。

南唐后主李煜有一阕《长相思》："一重山，两重山，山远天高烟水寒，相思枫叶丹。"以红叶寄托相思，干净利落直指人心。不过以红叶喻相思，并不是后主的首创，早在唐代，"红叶题诗"的故事就把红叶和爱情紧紧联系在了一起。唐《云溪友议》记载，书生卢渥赶考途中拾到御沟漂出的红叶，上面有："流水何太急，深宫尽日闲。殷勤谢红叶，好去到人间。"后来他高中进士娶了宫中遣散的宫女，发现

黄栌

此人竟然就是当年在红叶上写诗的人。

也是因为过于传奇和美好，自晚唐五代到宋、元、明，同样题材的故事又出现了很多，情节的基本模式一致：宫女红叶题诗——红叶流出御沟——文人拾取红叶并回赠或收藏——喜结姻缘。变换的不过是故事的主人公和题诗："一入深宫里，年年不见春。聊题一片叶，寄与有情人。""花落深宫莺亦悲，上阳宫女肠断时。帝城不禁东流水，叶上题诗欲寄谁。""一叶题诗出禁城，谁人唱和独含情？自嗟不及波中叶，荡漾乘春取次行。"这些诗中并没有表明所题之叶是红叶，但还用怀疑吗？除了那殷红如血的叶片，还有什么叶子能承载这样的寂寞深情呢？那红是青春如花却冰冷孤寂的宫女们的眼中泪、心中血，有这样的红作为底色，娟娟墨字才能格外动人吧！如今，宫女宫怨早已成为历史尘埃，唯有曾用泪用墨镌刻于红叶上的诗句和情怀穿透时空永远留存，在年年枫叶红时，引人无限唏嘘。

说到赏红叶，大部人的脑海里都会浮现出五角的枫叶，一般意义上的红叶也确实指的是这个，不过它们有个学名叫"槭树"，我们普通人嘴里的枫树多半都是它。全世界的槭树科植物有200余种，分布于亚洲、欧洲、北美洲和非洲北缘，中国也是世界上槭树种类最多的国家，目前已知的有140余种，全国各地均有分布，长江流域及其以南各省区甚至可算是世界槭树的现代分布中心。西晋潘岳在《秋兴赋》中有"庭树槭以洒落"之句，说明在西晋以前，中国人已经将槭树栽在庭院中观赏了。

当然枫叶（槭叶）不止五角一种，毕竟它的种类那么多，最多的甚至有十三个角。比如，还有三角槭，叶3裂，裂片向前伸，叶缘多有不规则的锯齿；有七角的鸡爪槭，7 个深裂，叶缘密生尖锐的锯齿；最常见的五个角的多半为元宝枫与五角枫，两者很相似，不搞植物学专业的人还是不要费劲去弄清二者的区别了。

清人黄岳渊所著《花经》云："枫（指槭树）叶一经秋霜，酡然而红，灿似朝霞，艳如鲜花，杂厝常绿树种间，与绿叶相称，色彩明媚，秋色满林，大有铺锦列秀之致。"如今，各名胜古迹、园林公园也都愿植槭树造景，到深秋艳红之时，成片成林的蔚为壮观，单独点缀的则别有情调。比如，苏州拙政园近小沧浪的明式小院"志清意远"，为一独立封闭式小院，池边散植槭树，一到秋天与古树修竹红绿相映，颇为雅丽。

枫叶虽美，但它没能霸占住红叶的全部天下，它有很多"竞品"与之争这秋天的一抹红。大名鼎鼎的香山红叶，便主要由黄栌构成。黄栌又称栌木和烟树，为槭树科落叶灌木或小乔木，高 3 ~ 4 米，叶单生，叶柄细长，犹如一面小团扇，初为绿色，入秋后渐变红色，尤其是深秋时节，整个叶片变得火红，极为美丽。而且黄栌的花久留不落，花絮中呈粉红色羽毛状，在枝头悬垂，远远望去，宛如烟雾缭绕，故称之"烟树"。

与黄栌同处在一个科的黄连木，也是著名观叶树。因其木材色黄而味苦，故名黄连木，别名楷树、鸡冠木。南京灵谷寺、栖霞山的秋景红叶多为黄连木所赐。它树干挺拔，树姿雄伟，树冠开阔，枝叶繁茂秀丽，入秋变鲜红色或橙红色。与黄栌相比，黄连木的叶片娇小，而树体高大。黄栌树能长到 5 米高就很了不起了，而黄连木动辄可达 30 米高，想想那高耸入云的一片红色，怎不让人叹为观止？

说枫树偷酒喝的杨万里，还有一句诗是"乌臼平生老染工"，说明乌桕树也是一种善于随季节变换叶子颜色的树种。乌桕树别名木子树，树叶成心形，儿童手掌般大小，小叶嫩黄碧绿，秋天渐渐变橙黄色和红色，斑斓之至，特别是落叶时分，更是山野一道风景。陆游曾在诗中赞叹"乌桕赤于枫"。三峡两岸的片片红霞就多为乌桕树所赐，它的红比枫叶有过之而无不及。

有"天平红枫甲天下"美誉的苏州天平山，158株古枫香树已历经400余年，每到秋季红云蔽日。别看枫香树也有个"枫"字，它和槭树科的枫树可没什么关系，它是金缕梅科的落叶乔木，又名红枫、路路通。枫香树叶片较大，叶柄细长，掌状3裂，微风吹过，摇曳的树叶，发出哗啦啦的响声，给人以招风的想象。"枫"与"风"字读音相同，因此得名枫树。秋季枫香树叶由青变黄，由黄变橙，由橙变红，最后由红变紫，每年都完成一次令人如醉如痴的嬗变。

其实，能赏红叶的树还很多，如火炬树、柿子树、红叶李等，都是秋天给世人无私的馈赠。由此看来，黄巢写菊花的"我花开后百花杀"也不全对，明明还有漫山红叶灿比春花嘛！

December

十二月

给植物起名字是神圣的事

冯唐曾说："所有春天的所有早上，第一件幸福的事是一朵野花告诉你它的名字。"知晓更多的草木之名是很多人的心愿，而恐怕很少有人想过，你也可以给植物起个名字。当我知道有人正在建立"汉语植物命名系统"，让每个人都拥有了给植物起名字的机会的时候，立即决定去拜访他。

植物学家刘冰的办公室在中科院植物研究所的标本馆，我带着敬畏的心情跟随他漫步其中，他颇为自豪地告诉我，这里是亚洲第一大植物标本馆，馆藏标本有 230 万份之多。为了拍照需要让他拿几件漂亮的标本，他穿行步满屋林立的巨大铁柜之间，只瞄了几眼标签，就迅速找到了以花朵美艳著称的铁线莲。而那些拉丁文标签，对普通人来说无异于天书。本职工作为研究植物分类学的刘冰，为了不让这些拉丁文天书成为人们认识植物之路上的绊脚石，正用自己的业余时间和他的师兄上海辰山植物园工程师刘夙一起，为那些还没有中文名的植物

卡尔·冯·林奈

起名字，并且愿意让普通人也参与其中。一谈起植物的名字来，看上去有点腼腆的刘冰立即滔滔不绝。

他说要想给植物起名字，先要搞清楚植物名字的各种规范。植物的科学名称（scientific name）简称"学名"，每种植物有且只能有唯一一个学名，是根据国际植物命名法规用拉丁文来命名的。需要注意的是，不存在"中文学名"这种说法，一提到"学名"，只能是指那个唯一的拉丁文名称。在中文里，最规范的植物名应该叫"中文普通名"，或者"中文正名"，它是以《中国植物志》为主要标准的，经过植物学家考证过的、系统性的命名。植物志各个类群都有专门研究的学者，由他们来为植物定一个考证过的中文名。除普通名之外还有俗名、地方名等，都是来自民间日常生活和口语中的名字。特别是在地大物博的中国，同一种植物在不同地域的名字可能差别非常大，如马铃薯、土豆、洋芋、山药蛋，指的都是同一种东西，由此可见，植物有一个统一的中文名和学名非常重要。

那么，植物的学名是怎样命名的？瑞典科学家林奈于1735年发表了最重要的著作《自然系统》，1737年出版的《植物属志》，1753年出版的《植物种志》，建立了动植物命名的双名法。而在此前，由于没有一个统一的命名法则，各国

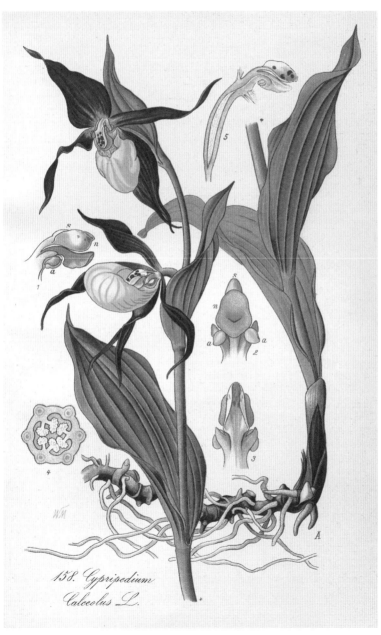

奥托手绘植物图谱中的勺兰，可以看到它学名最后的林奈独享的"L."署名缩写。

学者都按自己的一套工作方法命名植物，致使植物学研究困难重重。一是命名上出现了同物异名、异物同名的混乱现象；二是植物学名冗长；三是语言、文字上的隔阂。林奈创造了纲 (class)、目 (order)、属 (genus)、种 (species) 的分类概念，统一了术语，让科学命名成为可能。他以双名法为植物的种命名，即种的学名由两部分组成，第一部分是属名，第二部分是种加词，通常是形容词；种加词后面还可以有命名者的姓名，有时也可以省略。例如，垂笑君子兰的学名 *Clivia nobilis* Lindl.，其中 *Clivia* 是以英国旅行家 Cliver 的名字作为君子兰属的属名；*nobilis* 是种加词，意为高贵的、壮丽的；Lindl. 是这个种的命名人植物学家 John Lindley 的姓氏缩写。

林奈命名了一万多种植物，因为他独享 "L." 作为名字缩写，这样霸气的缩写也是其他人望尘莫及的。不过要真追究起来，双名法并不是林奈发明的，在他之前的一百多年，Bauhin 兄弟就发明了双名法，而林奈其实是把这个方法推广普及开来的人，所以我们也称林奈是近代植物分类学的奠基人。至于 Bauhin 兄弟，后人也没有忘记他们的贡献，Bauhin 被用于了羊蹄甲属的属名，据说因为羊蹄甲属植物的叶子是对称的两半，正好像两兄弟一样。

刘冰，中科院植物研究所植物学家，植物中文命名活动发起人。

其实像我这样的植物学爱好者，心里是把林奈当大神的，一万多种植物学名的后面都有他名字的缩写，这不相当于他是一万多种植物的父亲？那可真是太让人羡慕了。于是我问刘冰："如果我新发现了一种植物，是不是就可以把我的名字缀在后面了？"刘冰笑了，当然不是嘲笑我，他也知道，对于我这个圈外人来说，我问的只是一种理论上的可能。

他说，是呀！首先，你要确定你发现的确实是一个新物种，而不是原来就有的某个种或者它的变异。这个过程非常复杂，你要先分辨它的科、属，然后去找相近的种的模式标本进行比对。模式标本法也是林奈发明的，他收集了一万多种植物标本，规定这些标本就是某种植物的标准样子，你想知道你采集到的植物是不是已发表物种，就去和这些标本比对吧。林奈最早的那批模式标本现在多数存于英国，后来各国的标本馆也渐渐都有了模式标本。假设你采集到一种植物怀疑它是新物种，你就要查一下和它近似种类的原始发表文献，以及它们的模式标本存在哪里，可以先在网站上看，如今很多标本馆都数字化了。如果需要进一步比对，就把它们借过来，仔细观察和对比。如果还认定自己发现的是新物种，就写文章发表吧。你写文章的时候，自然会给它起个学名，这时候你就可以考虑是不是把自己名字缀在后面了。但一般情况下，植物学家并不用自己的名字来给新物种命名，多数情况下用的是和自己共同进行研究工作的同事的名字，也不太会用非植物学家的名字。但这只是个沿用至今的习惯，没有硬性规定你不可以用你自己的名字或者你男神的名字。当然，文章发表了不算完啊，会有很多植物学家看到，说不定哪个人就会认为这就是原本就有的某种植物的变异啊。你也可以不服，你们就论战吧，各执己见，持续很多年，这种事也多得很。

听到这里，我就明白了，以己之名命名一个植物新物种，对普通人来说是不可能完成的任务，如我连什么是不同的种都没搞清楚，我问他国光苹果、富士苹果、花牛苹果这些都算不同的种吗？刘冰立即严肃起来："这里千万要搞清楚两个概念：种和品种。种是自然的、野生的，它的命名按《国际藻类、真菌、植物命名法规》（原称《国际植物命名法规》）；品种是人工培育的，它的命名按《国际栽培植物命名法规》，品种在种之下。你刚才说的国光、富士、花牛都是苹果的品种，它们都属于蔷薇科苹果属的苹果这个种，就好像京巴、哈士奇、吉娃娃都是狗一样。所以人工培育出一个新的品种可能相对容易，你要在自然界发现一个新的种是非常困难的。"

"听你说了半天，我们普通人根本没能力给植物命名啊！你说让大家都能给植物起名字，这不是伪命题吗？"我抱怨起来。

刘冰又笑了，他说你别急嘛！我说的给植物起名字可不是命名学名，而是给植物定中文名字，毕竟对于中国人来说，拉丁文就是天书，植物的中文名才是我们认识植物的途径。现在的植物中文名是以《中国植物志》为主要标准的，它从 1959 年开始出版。20 世纪 50 年代，中国的植物学家曾开会商议植物的命名，当时摒弃了很多源于日语的名字。比如，原先来自日语的"矶松"，中文名被定为了"补血草"，而其实它的俗名更被我们熟知，就是鲜切花里著名的"勿忘我"。有些植物则直接沿用了古籍里的名字，如黄芪属紫云英的名字就沿用了下来，可能是因为紫云英太好听了吧，而其他黄芪属植物则多被命名为某某黄芪。

"可能有人会问，这些植物不是也都有中文名了吗？要知道，植物界中最高等的植物是维管植物，全世界的维管植物总数在 26 万 ~30 万种，而中国的维管植物总数在三万种左右。现在，中国的这三万种维管植物都有了名字，但是非国产的那

奥托手绘欧洲仙客来

些植物绝大多数都还没有名字。随着国际交流的不断增加，越来越多没有中文名的植物开始进入中国市场，有些由商家乱起名字误导消费者，有些起了和原有植物重复的名字，有些起了很俗或者很容易混淆的名字。我和我师兄刘夙看到在给世界植物起中文名字方面还存在着巨大的空白，就发起了这个工程。其实从 2007 年我们就开始做了，是先拟属名的，已经拟了六七千个属，这些很多可以在中国自然标本馆网站查到，目前还剩一万个左右吧。"

如今，刘冰和刘夙还在利用业余时间给植物起名字，同时也号召所有人参与进来。在网上搜索"多识植物百科"，找到相应网站就可以一起愉快地玩耍了。因为目前植物汉语名并没有权威认证系统，所以你起的名字就有很大可能永远流传下去了。那么，什么样的名字会入选呢？这几乎和外文翻译的标准一样——信达雅，如 Viviania，刘夙把它拟名为巍安草属，意为生长在巍峨的安第斯山上的草，可谓音意兼顾。刘冰又举了个例子，他认为给外来植物起中文名字的最佳典范莫过于仙客来属，来自它学名里的属名 Cyclamen，既有音译又有意译，而且和这种美丽得如仙子一般的植物形态非常吻合。"据说这个中文名是张大千先生起的，所以你看，给植物起名可以不是植物学家的事，没准儿你也可以的！"

带着给植物起个中文名的美好心愿，我向刘冰作别，临出门问他要不要一起午饭，他说下回吧！还有好多植物专业资料要赶着看。对于植物学家来说，植物的魅力大于美食美女，我相信借他之手，更多的植物会拥有更靠谱的中文名。

像博物学家一样生活吧

　　暑假的北大门禁森严，刘华杰教授特意开车来校门口接我，这辆暗红色的越野车已经陪伴他跑遍祖国的大江南北。他的办公室在李兆基人文学苑，不大的屋子仿佛一个微型自然博物馆，办公桌上摆满了各种干燥植物，墙上是他自己拍摄的野外植物特写，两面墙的书柜，除了满满的博物相关书籍，也不乏各种有趣的小物件——罕见的左旋海螺，形状奇特的植物种子，来自非洲的神秘木制面具……知道他喜欢自然万物，他的学生遇到稀罕物总是会找来送他，他身边的人耳濡目染，也爱上了博物。

　　我刚一坐定，他就从书桌上拿起一截木头考我："你猜它上面的纹路是怎么形成的？"这节光滑的淡黄色木棍上竟然布满类似云纹的纹路，却比云纹多了几分飘逸洒脱，异常漂亮。我猜是虫蛀的，竟然对了，只是我没想到这样的鬼斧神工，一只小小的肉虫子竟然几个小时就能完成。接着，刘教授又给我看了几节木头，某种胡椒木拿在手上轻若无物，用小刀一刮有沁人的芳香；六道木有规则的六棱，横截面像花朵一样漂亮；还有一种木头表皮纹路如一缕缕丝线，分明又坚硬无比。就是这样，刘教授有让人轻易就感觉到大自然的神奇之处的本事，这本事不是说教，是"引诱"，对于一个致力于复兴博物学的人来说，这样的本事岂不事半功倍？

　　从小在长白山脚下长大的刘华杰，曾经最亲密的童年玩伴就是花花草草，他说农村长大的孩子其实是幸运的，他们就像我们的祖先一样幸运，因为大家更有机会接触自然母亲，即西方人所说的"盖娅"。人接触大自然少了，就会容易纵容环境变坏，因为博物活动更能让人知道什么是好的、自然的环境。现在的青年人患"自然缺失症"的很多，后果很严重，抑郁是其中之一。他问我："你看喜欢博物的人有得抑郁症的吗？没有吧，和自然玩耍的时间都不够呢，哪有时间抑郁？"

　　是啊，博物学家的时间一直让我觉得很不可思议，如刘华杰，除北大哲学系教授的本职工作外，还撰写、编辑了数十种博物学、哲学著作，还有大量时间去野外研究植物，博客更新得也很勤快，让人感叹不知哪来的那么多精力。他提倡人们living as a naturalist，这个英文词组是他编造的，也可以意译为"博物人生"。人本来从属于大地、大自然，但随着文明的推进，在某种程度上人们想挣脱大自然，变得习惯于钢筋水泥、机械、武器和外太空。这一进程，往往被认为势不可当，甚至代表着"进步"。但是从哲学的观点来看，未必如此。"现代性"已经把人类社会、其他动物以及整个自然环境折腾得够呛，

刘华杰，北京大学教授，博物学文化倡导者。

长远来看，若任凭现代性的逻辑一直运行下去，将破坏天人系统的可持续生存。刘教授一直在思考所谓的"文明"问题，提倡像博物学家一样活着，表明他并不认可现代性的所有东西，而是希望部分回到自然状态。

博物学家在宏观层面关注自然、利用自然，与自然和谐相处。不过，刘教授告诉我，博物学家的门槛并不高，普通人也可以向博物学家学习，甚至自己就变成一名博物学家。看到我有些不解，他对我说："比如换一个词，像科学家、像政治家一样生活呢？对于普通人，不可以！"

　　不过我对刘教授所说的博物学家门槛并不高的问题心存疑虑，就我自己的经验来说，如植物分类学就非常难，更不用说认得那些有如天书的拉丁文学名了。他告诉我，想一下子成为专家或者骨灰级博物学家，当然难。可以打个比方，如参禅学佛，人人都可以尝试，但并不意味着人人都要读几百卷佛经并成为高僧。师曰："诸佛妙理，非关文字。"这是什么意思呢？当然不是要鼓励大家不读书，而是提醒人们不要在乎文辞，不要被花哨的言说和貌似严谨的论辩所蒙蔽。博物也一样。什么是博物？博物就是生活，人在自然中自然地生活，跟大自然打交道，了解自然、利用自然、与自然和睦相处。上溯几代，这本来是人人都会的。原始部落的人虽然不懂拉丁学名，但对当地鸟的认识并不输于现代的生物学博士，他们也能大致将鸟分成几百个种类，并且能与现代科学的生物分类近似一一对应，只是称呼不同罢了。那么，百姓不懂拉丁文能否对植物进行有效分类呢？当然可以！而且可以做得非常棒。进入这一领域最主要的不是个人掌握多少知识，而是自己是否真的有兴趣。只要有兴趣，愿意花时间关注自然事物，就一定能立竿见影，有实实在在的收获。他强调道："要提醒的是，需要事先清楚博物学的用意是什么，我们为何要博物。博物学不同于当今各种有用的学问，它是通常看来没用的东西。个人博物，不是要发大财、当大官，那为了什么？为了好玩，为了快乐！大家都这样想，最终就有利于天人系统的可持续生存了。"

　　"好玩儿""快乐"是这次拜访中，刘华杰教授多次提到

本版图片为刘华杰教授所拍摄崇礼野花。

1. 毛茛科冀北翠雀花，也可称崇礼翠雀。19世纪大卫神父在河北崇礼首次采集到标本，寄回法国，随后法国植物学家于1893年发表新种，学名的种加词中就用了"西湾子"字样。西湾子后来改名崇礼。
2. 川续断科华北蓝盆花
3. 毛茛科长瓣铁线莲
4. 菊科蓝刺头
5. 桔梗科石沙参

4

5

的词汇。他本科在北大读的地质学，硕士博士都在人大哲学系学习，读完博士以后，却突然找回儿时的兴趣，开始关注植物博物学。这一转变纯粹出于兴趣，也可以说就是为了"好玩儿"和"快乐"。后来他有意识地与自己的专业深度结合。用他的话说："博物学和哲学都属于最古老的学问，都有悠久的传统。两者当然也有关系，如老子的《道德经》算哲学作品吧，如果老子不会博物，你能想象到他能给出那么精辟的比喻？在西方，亚里士多德是大哲学家，他同时写了大量博物学作品，最出名的要数《动物志》。他的大弟子塞奥弗拉斯特，除了研究哲学，还研究植物，写了两部重要的植物学著作，成为西方植物学之父。再往后，如卢梭、达尔文、利奥波德等，既是博物学家也是哲学家。不过，总的来说，哲学界长期以来瞧不上博物学，对数理科学倒是很崇拜。你猜原因是什么？因为数理科学力量十足，建立在数理科学基础之上的现代技术，对世界、对他人的干预力、操控性很强。世界各国都有博物学，并且都构成重要的文化遗产。如今我们倡导复兴博物学，可以做许多事情。工作大致可分两类：一阶工作和二阶工作，一阶工作指直接关注自然、探究自然，如看花、观鸟、生态旅行、探险等；二阶工作指研究博物学的历史、方法论、认识论，以及研究博物学文化。哲学工作者身份对这两类工作都有帮助，特别是直接涉及二阶工作。普通人可能只做一阶而不关心二阶。也正是哲学的视角，使我发现古老的博物学还有价值，现在值得复兴。其他领域的人，可能不容易看到博物学的意义。"

　　我最早关注刘华杰教授是他的三本厚厚的《檀岛花事》，在近一年时间里，他在夏威夷群岛风餐露宿，攀爬数十条山道，观察到大量本地植物和外来植物，并给它们以照片和文字的详细记录，最终形成了这套精美的博物书籍。我最羡慕的是他那段时间的生活状态，只要有时间就去探索自然、观察植物，对于生活节奏快的现代人来说，这样用时间和精力是非常奢侈的。我好奇地问刘教授，怎么能有那么多时间做一阶博物学实践。他笑了："大家都说忙！这是事实，但是要反过来想一想，值得我们忙吗？自己是不是在瞎忙？只要一想，就会发现，相当程度上我们是在瞎忙，自寻烦恼、穷折腾。于是，积极的态度应当是这样的，自己要公开声称：'我愿意浪费时间做我喜欢的事！'做自己喜欢的事情，自然也就不算浪费时间了。问题是，个人有自由做自己喜欢的事情吗？在此，不要讲绝对有或没有，实际情况是度的问题。人是有自由意志的，我们总能适当做主。如果发现自己喜欢花草、山脉、大海，那么就要想办法找时间。人活着为了什么？不都是为了实现别人设定的目标，成为某个宏大叙事的螺丝钉。吴燕女士曾构造了一个句子：时间就是供人浪费的！这是哲学的态度，如果百姓能这样想，就自在了，就有闲心闲情博物了。时间，不浪费在这，就浪费在那！浪费在博物上，我保证，你会收获预想不到快乐、幸福！哪来的时间？想一想另一种动物狮子吧。它们跟我们是同类，都是生命，并且都是哺乳类。狮子一整天都在干什么？都在奔跑中狩猎，让资本增值吗？No! 狮子大部分时间在睡觉或玩耍。我们在干什么？在工作！我们比狮子高级、文明吗？一点都不！对大自然来说，我们比狮子更讲道德吗？完全说反了！"

刘教授的观点触动了我，完全没有功利心地去做一件事情，对现在的人来说已经太不容易。我问他就没有从博物里获得点

刘华杰教授的办公室里贴满了他拍摄的植物照片，各种自然收集物和博物类书籍满坑满谷，博物早已融入了他的日常生活。（张成龙 摄）

儿"利好"吗？他说直接的好处就是我高兴呀！感觉自己保持着年轻的心态。间接好处也是有的，虽然并不是他特意追求的。甚至也可以讲，"曲线救国"，别人得到的好处，他事实上都没少。一个喜欢博物的人，一定是有主见有品位的人，也一定能够得到别人的尊重，哪怕他人并不喜欢博物。他没有明说那些间接的利好是什么，我猜博物学给他带来的名声应该在其中。这种名声其实是"有用"的，如他想传播自己的博物学理念的时候，根本不愁发不出声音。他又会用从自然中获得的利好反哺自然，如给某些工程的决策者传递环保、可持续发展的理念，据说某地产商还真的听从了他的意见，在开发过程中注意了当地的物种保护。

本科时期痴迷石头的刘华杰教授，最终选择了植物博物学，这是对童年爱好的一种回归，也因为自身对植物更敏感，辨识植物的本能可能更强一些。他说也为尝试过观鸟，"好像不太

灵"。这就是他强调的，在博物学里，每个人可能都有自己的
长处、兴趣点，不要强求做自己不喜欢的事情。自然世界的各
个方面都可以成为个人博物的选择。可以综合性地关注，也可
以主要关注某一小的类别。一开始自己要仔细选定一类自己非
常喜欢的题材，或天文或植物或动物或地质，动物中也要分贝
类、哺乳类、昆虫类、两爬类等，不要什么都关注。也就是说，
博物也要注意收敛，不能什么都喜欢。世界太广阔了，我们必
须适当限定一下，等将来有条件了，再扩展一下也不迟。

　　"栽一棵树最好的时间是十年前，其次是现在。那么博物
学呢？"刘教授说："从小培养最好，孩子天性喜欢自然的东
西，喜欢在大自然中玩耍。在自然界中玩是孩子的权利，父母、
社会都无权剥夺。对于成年人，什么时间开始博物都可以，都
会让自己的生活变好，因此永远不晚。"

　　我问刘教授，一位博物学家典型的一天是什么样的，他说
没有什么典型的一天，一有时间就往外跑呗，他往往车子发动
了都没想好要去哪儿，其实无论去哪儿，他都能发现自然中的
有趣事物。有些地方一去再去，也总能发现新的东西。我又问
他一个博物学家需要什么必备工具吗？他说除了人的身体，没
有什么称得上是必备的工具。不过第一素质是好奇心，对大自
然中的东西、事件和过程有好奇心。在此过程中要调整心态，
要慢慢来，不要强求自己。在这样的状态下注意记录、积累。
比如，可以用手机多拍照，关注动植物、岩石矿物的名字，学
而时习之。名字是钥匙，知道了名字，他人的研究成果我们才
有可能访问到。

　　除了一阶博物学，刘华杰教授也研究二阶博物学（包括博

荐书

《博物人生》，汇集了
刘华杰教授探访花草世
界的发现与思考，以博
物学家诙谐幽默的笔调、
精美的花草图片，向读
者展示了一个静谧而活
泼、和谐而生动的草木
世界。

《博物学文化与编史》，
荟萃了刘华杰教授多年
研究博物学的学术成果，
并从博物学文化与博物
学编史两个方面对当今
的科学现状进行了独特
解读。

物学史、博物学编史纲领、博物学认识论和博物学文化等）。世界各地都有自己内容丰富的博物学史，他认为现在应该首要关注的是西方的博物学史和中国古代的博物学史。相比而言，西方的要简单明了，中国的反而相对难研究。主要是因为西方博物学发展有几个高峰期，维多利亚时代启动了最近的一个高峰期，产生了大量成果。中国的情况相对平稳，但近代以来几乎中断了，主要是西方侵略中国造成的。洋人入侵中国，让中国人变得不自信，觉得西方的什么东西都是最好的。现在中国已经成为世界第二大经济体，但文化上还是不够自信，相信未来会好起来。

"中国古代的博物学非常有趣，作为中国人我更喜欢。但一时半会儿我们反而学不会，我们的教育让我们觉得西方的东西更适合自己、更容易学，也许再过一百年会变样。"刘教授说，"近几年国内关注博物学的人开始多起来，我们是有可能迎来博物学的复兴的，所以我站出来推动这件事。人类社会要可持续生存，就得与自然处理好关系，既不过分折腾自己也不过分折腾大自然。如果人还算理性的话，博物学一定前景美好！"

临出门的时候，我好奇地摸了一下他桌上花瓶里插着的一枝像小太阳一样的干燥菊科植物，他就干脆找出了一把送我，加上我一进门他就送我的几本博物学书籍，我想，我像博物学家一样自由而无用的有趣生活可以开始了。

万物与花童

告诉朋友我的书定名"万物与花同"的时候，他想成了"万物与花童"，稍微讶异了一下，说"这名字真是好啊"！我旋即明白了他的意思——在博大的自然万物面前，我不过是个侍弄花草的小童仆——是的，也许这才是我这本书的真意。"万物与花同"是"无我之境"，雨雾雷电，四季轮回，春来草自青，非干人事；"万物与花童"则是"有我之境"，直到我来看花时，"此花颜色明白起来"。

其实我对自然万物的热爱是近几年才集中爆发的，之前做过很长一段时间时尚记者，迷失于声色名利，眼睛是看不见花开花落的。2013 年秋到 2014 年初夏，我父亲从查出癌症到去世只有半年多时间，其间我经历的痛苦与煎熬无可言喻。熬不住的时候，我发现走到病房楼下看花看树看云是困顿灵魂的唯一出口。我永远记得父亲手术成功出院那天，风大，白杨树欢呼着摇落金色的叶子，我看人间的一切都恍如隔世。可是半年以后，癌细胞还是全面扩散了。收拾遗物的时候，我看见父亲手机里最后一条短信是再度入院前一天发给他老同学的"春天多美好"，手机相册里装满了他拍的牡丹、月季、荷花。这一年的春天已经过去了，牡丹已谢，月季正开，荷花未放，而这一切都与父亲无关了。

带着父亲对春天的热爱、对生命的眷恋，我重新走进了离我家不远的宣武艺园，那是个仿江南园林式小公园，童年时期父亲每周都要带我去，那里植被格外茂盛。一旦开始走进自然，我就发现自然与人是息息相通的。有落花时的惆怅就有来年花再发时的喜悦。冬天冰雪覆盖的荒凉冻土，二月一过就有茸茸绿意。渐软的枝条上，去年花开的地方今年又发出新的花芽，尽管不再是去年那朵，但分明告诉我生命如四季，只有轮回没有止息。像史铁生在《我与地坛》里说的，"在人口密集的城市里，有这样一个宁静的去处，像是上帝的苦心安排"。我独自看遍园内每一株望秋先陨的花树和每一棵经冬不凋的松柏，从憎恨命运的残酷到接纳生命的无常，宣武艺园用晨露划过草尖的微光，用晚风穿越枝头的轻响，给予我无尽的安慰。

一旦爱上自然，就会一发不可收拾。我不能穷尽自然规律之玄妙，却愿意多识草木鸟兽之名。近两三年来，我带着一颗求知的心采访了诸多博物领域的专家、达人，这既让我完成了《旅伴》杂志的本职工作，更让我滋养了自己的兴趣爱好。在这一过程中我结识了众多良师益友，他们让我在博物之路上走得更远、更开心，书中记录了与各位师友的对话，教化铭刻在心，在此不一一致谢。

此外，特别感谢中国工人出版社董虹女士错爱，督促懒散的我重整文章结集面世；感谢北京大学刘华杰教授不弃草昧为我作序，感谢植物分类学家汪劲武先生、诗人蓝蓝女士为本书写下推荐语，鼓励一个博物学尚未入门的小小学徒；感谢郭大熟、吴秋园、李爽、张幼平等众位好友，为此书提供不少帮助。

　　此书更献给我的父亲，它起源于您手机里最后那条信息"春天多美好"。您知道的，夏天、秋天、冬天也一样美好，天地有大美，万物与花同，我们会替您都看见。

凌　云

2018 年 6 月

图书在版编目（CIP）数据

万物与花同：24堂自然人文课 / 凌云著. —北京：中国工人出版社，2018.6
ISBN 978-7-5008-6886-6

Ⅰ.①万… Ⅱ.①凌… Ⅲ.①自然科学—普及读物 ②人文科学—普及读物
Ⅳ.①N49②C49

中国版本图书馆CIP数据核字（2018）第108631号

万物与花同

出 版 人　芮宗金
责任编辑　董　虹
责任校对　董春娜
责任印制　黄　丽
出版发行　中国工人出版社
地　　址　北京市东城区鼓楼外大街45号　邮编：100120
网　　址　http://www.wp-china.com
电　　话　（010）62005043（总编室）　　（010）62005039（出版物流部）
　　　　　　（010）62379038（社科文艺分社）
发行热线　（010）62005049　（010）62005042（传真）
经　　销　各地书店
印　　刷　三河市东方印刷有限公司
开　　本　710毫米×1000毫米　1/16
印　　张　17.25
字　　数　150千字
版　　次　2018年7月第1版　2020年7月第4次印刷
定　　价　68.00元